主任設計者が明かす

# F-2戦闘機開発

## 日本の新技術による改造開発

神田國一［著］

FS-X試作３号機（複座型）。飛行開発実験団の所属のXF-２Ｂ（機体番号63-8101）で、各種の技術・実用試験に運用されている。低速域で飛行中のため、主翼の前縁フラップを大きく下げている。風防内のグリーンに輝いて見えるヘッド・アップ・ディスプレイのスクリーン、計測器センサーのブームが追加されている機首先端のピトー管などがわかる。（写真：赤塚聡）

FS-X試作1号機。機体番号63-0001は三菱重工で試験・審査中に付けられていたもので、防衛庁に引き渡し後は63-8501に変更されている。赤と白でツートーンのシンプルな塗装を施している。

試作2号機（機体番号63-0002、引き渡し後63-8502に変更）。垂直尾翼の「TRDI」は防衛省技術研究本部（現・防衛装備庁）の略号。本機の塗装は白に青と朱色を用いている。

試作３号機（機体番号63-0003、引き渡し後63-8101に変更）。複座型のXF-２Bの1番目の機体である。写真で見える垂直尾翼の左面は赤、裏側の右面は白で塗られている。主翼と胴体の下面も赤で塗られており、これは飛行試験でスピン時の姿勢確認を容易にするためである。

試作４号機（機体番号63-0004、引き渡し後63-8102に変更）。本機も複座型で、これら４機の試作機が各種技術・実用試験を実施した。洋上での迷彩効果を評価するためにブルーグレイの塗装を施した。部隊配備されている量産型の機体の迷彩とは色調やパターンが異なる。

搭載武器の試験中の試作1号機（機体番号63-8501）。垂直尾翼にあった「TRDI」の文字が消え、飛行開発実験団のマークが書き加えられ、胴体に記された機体番号も501に変更されている。主翼の両端に短距離用空対空ミサイルAAM-3、主翼下中ほどには空対艦ミサイルASM-3の試作弾を搭載している（左翼のものは白で塗色され、右翼のものは高速度写真の撮影など光学計測試験用に赤と黄色で塗り分けている。（写真：赤塚聡）

501

TRDI
63-8101

飛行開発実験団に所属が移った試作３号機（複座型）。機体番号63-8101は６が領収年号（1996年）の末尾一桁数字、３がＦ-２の登録順位、８が戦闘機の機種区分、101が製造順に付与される固有番号（Ｆ-２Ｂの1号機。単座型のＦ-２Ａは501から付与）を示す。本機も垂直尾翼の「TRDI」の文字はのちに消去されている。写真は主翼下に空対艦ミサイルASM-２の試験弾を搭載している。

飛行開発実験団の所属機の編隊。手前からT-２超音速高等練習機（写真の19-5101号機はXT-２の試作1号機）、XF-２A（63-8501）、F-４EJ、 F -15J。飛行開発実験団は、その任務の特性上、航空自衛隊が装備する航空機の主要な機種を保有している。なおT-２は飛行開発実験団の所属機（機体番号59-5107）を最後に平成18（2006）年に全機退役している。

# はじめに

これは、三菱重工が主契約者となり開発した、防衛省（当時防衛庁）の支援戦闘機（※）F-2（当時FS-X）の技術関係の開発物語です。

私たちはもともとFS-Xは独自国内開発するのが当然だと考えていました。一方、米国にとって日本は米国の軍用機の重要な市場だったので、この市場を確保するとともに、同じ戦闘機を保有して、万一の場合に日米共同運用する可能性を維持したいと考えていたものと思われます。

しかし、日本の支援戦闘機の任務は、F-15などの要撃戦闘機を支援するのが目的ではなく、敵艦艇が日本に侵攻するのを阻止する海上自衛隊や、侵攻部隊が着上陸するのを阻止する陸上自衛隊を航空戦力で支援するのが目的であって、F-15などの要撃戦闘機とは運用目的が異なります。

したがって、FS-Xとして米国の既存機をそのまま運用するのは日本の要求に合致しないという日本の主張に対し、米国は、米国の既存機を日本の複合材構造や新型レーダー、新型ミサイルなどの新技術で能力向上を図った戦闘機を、日米共同で改造開発して、航空自衛隊が運用することを提案してきました。

この案が日米両政府の合意するところとなり、日本側が取りまとめ役となって日米共同でF‐16を改造開発する案が実現したのです。

なぜ独自国内開発するのが当然かといいますと、戦闘機の技術資料、試験結果は、どこの国でもすべて「秘扱い」とするので、不具合対策を実施する時も能力向上のため改良をする時も、それら資料やデータがないと何もできず、秘資料やデータを保有している外国のメーカーに提供を依頼すると長い時間と高い経費がかかるからです。

FS‐Xでは必要な資料、データを確保していますので、防衛庁の部隊使用承認を取得する時残った課題を、その後数年にわたって技術的追認で確認し、たとえば高度・速度の飛行可能領域を拡大することができました。これと同様に、今後の性能向上、能力向上も必要な時に、合理的な経費で実現できます。

（※）編集部注：諸外国では攻撃機あるいは戦闘爆撃機と呼ばれる対艦・対地攻撃、近接航空支援を主たる任務とする作戦機を航空自衛隊では「支援戦闘機」と呼称していた。二一世紀に入り、防衛省では将来的に戦闘機は全機種を「マルチロール・ファイター（多用途戦闘機）」とする方針を発表した。平成一七（二〇〇五）年に改

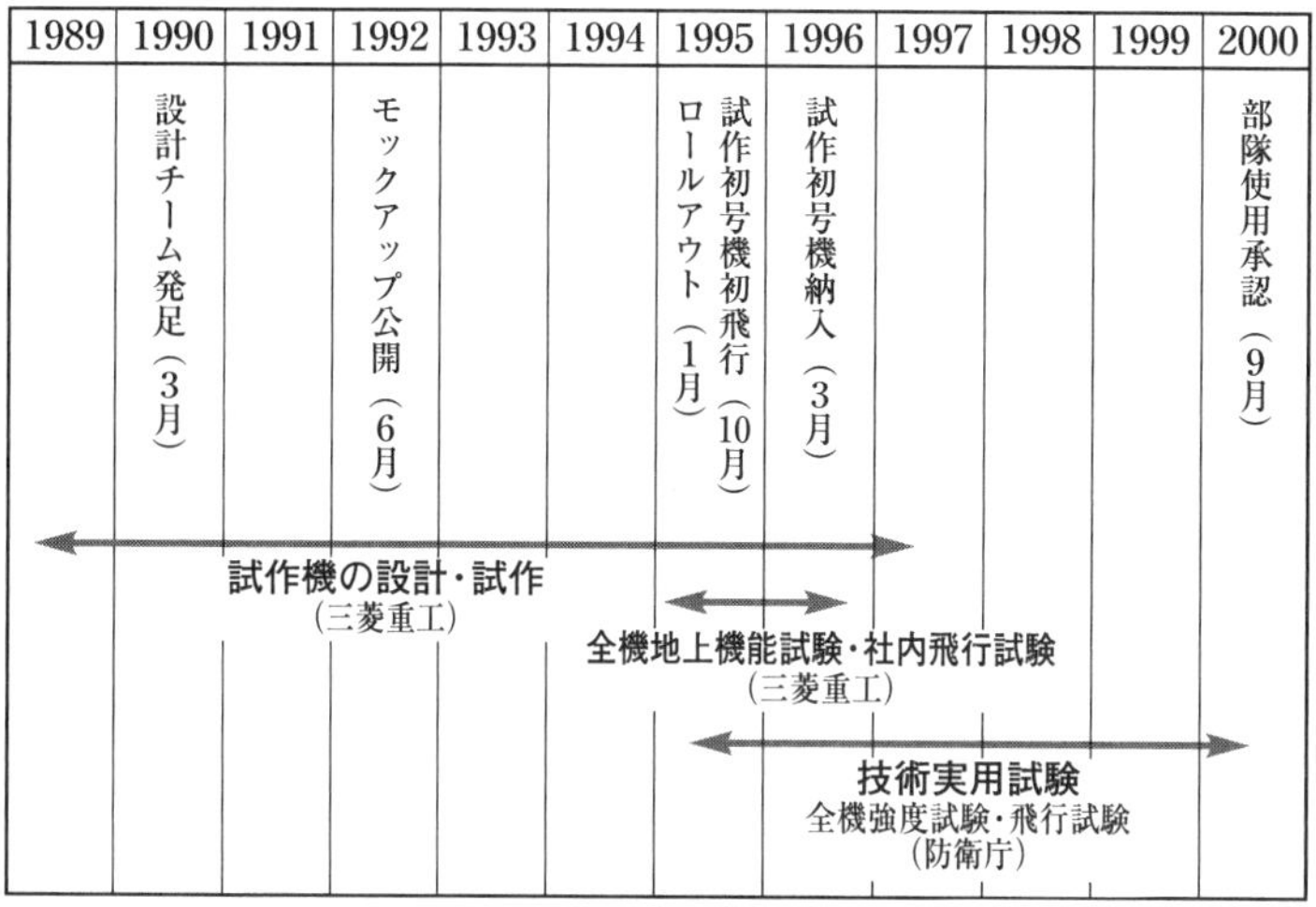


**FS-Xの開発工程**

定された防衛大綱からこれまでの要撃戦闘機と支援戦闘機の区分は廃止され、F-2も「支援」の文字が削除、「戦闘機」と呼称されるようになった。

　話を少し戻して昭和六二（一九八七）年頃からの事情を述べますと、何度か新聞、テレビで報道され、話題になった航空自衛隊の次期支援戦闘機FS-Xは、米国空軍の戦闘機F-16を改造母機として共同開発することとなり、三菱重工が主契約者となって日米共同設計チーム「FSET（エフセット）」（Fighter Support Engineering Team）を三菱重工名古屋航空宇宙システム製作所（以下名航と略す）に設けて平成二（一九九〇）年三月末に開発に着手しました。

　米国の企業は、F-16を開発、製造したジェネラル・ダイナミックス（以下GDと略す）でした。最初の共同作業の基本設計のあと、GDを含む各社は製造図を描き、分担部位を製造して三菱重工で試作機として組み立て、設計チーム発足から五年六か月後の平成七（一九九五）年一〇月、初飛行に成功しました。

引き続き初号機を含め飛行試験用に試作機を四機、全機強度試験用に二機を防衛庁に納入後、防衛庁が各種試験を行ない、各要求項目が運用に適することを確認の上、平成一二（二〇〇〇）年九月に防衛庁長官から部隊使用承認を取得し、航空自衛隊の支援戦闘機F‐2となりました（この新支援戦闘機は初飛行後の平成七年一二月までFS‐X、その後、試作機はXF‐2、量産機はF‐2と称す）。

このプロジェクトのために米国から移転された技術は、F‐16の図面（日本が独自の技術を適用したいと主張した主翼の図面は除く）とその計算書などでした。これらの技術データは「試験結果は含まない」と断り書き付きでした。わざわざ「試験結果は含まない」と言われると、何か重要なことを隠しているのではないかと疑うのが人情でしょうが、それでも私たちは、独自開発ができますと言って頑張ってきたので、それならそれで、きちんと解決しながら開発すると覚悟していました。

設計チームのリーダーには私が指名されましたので、後述のように（第4章「設計チーム発足式の項）、設計チームの皆さんには開発着手の挨拶の中で、「合理的設計」を作業の「心がけ三項目（三つのR）」の一つとして挙げて、特にF‐16を開発したGDのデータを利用する時はFS‐Xに当てはまるのか否か、合理的によく考えるようにお願いしました。

開発着手から、部隊使用承認まではいろいろなことがありました。「試練を乗り越えられない者に神様は試練を与えない」と言われますが、私たちの設計チームには優秀な技術者がたくさんいることを神様は知ってか、試練をたくさんいただきました。

しかし、苦労を重ねて、すべて乗り越えることができました。一部、実用には支障のない範囲で、防衛庁が今後のための技術的追認試験項目として残して、運用開始後も試験を続けたものがあります。こういうことができるのは国内開発の利点です。

GDが教えてくれなかった試験データがこの試練の中に含まれていたのかどうかわかりませんが、いずれにしても防衛庁の技術研究本部（以下技本と略す）と航空自衛隊の飛行開発実験団が自ら飛行安全を確認していますので、問題はありません。

なお、米国議会の調査機関ランド社や報道機関はFS‐Xが初飛行した段階で、米空軍戦闘機F‐16に日本の新技術を適用した日米共同改造開発が成功したと報道していました。

この本を執筆する私の動機は三つあります。

一つ目は、米空軍が現在運用中の第一線戦闘機（F‐15、F‐16など）のレベルで、日本の運用要求を満たし得る戦闘機を日本が主導的に米国と共同で開発することに成功したこと。これによって今後、FS‐Xの能力向上と、さらなる改造の能力を習得したことを皆様に承知していただきたいことです。

同時に、日本で戦闘機を製造していることも知らない皆様に、作るだけなら五〇年も前からライセンス生産をしており、日本で開発した超音速戦闘機F‐1も一九七五年から量産していることを、認識していただけると期待しています。

二つ目は、開発中の強度試験で主翼にひび割れが発生したとか、飛行中なら墜落の恐れがあるとか、何回か報道されました。それが、その後どうなったのか、FS‐X関係者でもご存知ない方が大勢いること。そして試験で判明した要改善事項は試作機だけでなく、量産機も一号機から全機に適用して問題なく部隊運用が開始されたことは、あまり大きくない記事が、一度出ただけで、知らない方が多いと思います。

FS‐Xは開発に成功したと認識されていないと、FS‐Xだけでなく、自衛隊機の将来のためにも好ましくないので、読者の皆様に実情をご理解いただきたいと思います。

三つ目は、米国の評価は、後述のランド社のマーク・ローレルの報告でも、ドキュメンタリー作家ジェフ・シアーの著書でも、結論は「FS‐Xの開発は（日本にとって）成功」と書かれていますが、それがほとんど知られていません。これは日本の関係者にはぜひ紹介しておきたいと思いました。

ただし、FS‐XはF‐16の改造機ですから、たとえばFS‐Xの性能値を公表するとF‐16の性能値を推定しやすくすることになり、F‐16を保有している世界中の各国の安全を脅かすことになります。したがって、防衛秘密にかかわるようなことは、公表されている範囲で書くことにしました。

また、試作機の試験というのは、防衛庁が実施する技術実用試験のことで、自衛隊機が飛行したことのない高度、速度の条件で飛行したり、実施したことのない旋回運動など、飛行試験データを見るまではどんな荷重がかかるかなど、未知の領域で予見できないことが発生することがあります。したがって、試験中に判明する要改善事項は、この試験中に積極的に出して、運用に入る前に改善しておく必要があります。このような試験中に判明した要改善事項は防衛庁が公表した範囲で紹介します。皆様にご理解いただければ幸いです。


本書を執筆するにあたり、関係者の発言や談話とこれに伴う細部説明などをいろいろ引用させていただきました。セレモニーでのご挨拶や説明は、当時の新聞、雑誌の記事や私のメモなどから引用しています。この類いの資料は、その時の進捗状況や周辺の動向がよくわかるので貴重だと考えています。ただし、（著者注）と断って加筆している部分があります。

米国で刊行された書籍で、前述のランド社のマーク・ローレル著『トラブルド・パートナーシップ（Troubled Partnership）』と、ジェフ・シアー著『ザ・キーズ・トゥー・ザ・キングダム（The Keys to the Kingdom）』があります。ともにFS‐Xのことばかり書いてありますが、前者は「一九九三年度空軍プロジェクト年次報告」（一九九五年発行）になっている約四五〇ページの本です。

後者の表題の「Kingdom（王国）」というのは航空機王国のことだと思います。「FS‐Xの取引、米国の将来を日本に売却」という副題がついて一九九四年九月の発行です。この二冊からも、いろいろ引用させていただきました。

マーク・ローレルはよく調べていますが、日本のこと、特にFS‐Xの技術関係の話では正確でない部分がありますので、私が（著者注）として付記しました。ジェフ・シアーは不正確というほどのことはありませんでした。ただし、この二冊とも、私が正誤を判断できるのは技術関係だけですから、引用しているのもその範囲だけです。

両方とも最後はFS‐Xの開発は成功したという内容ですが、気をつけなければいけないのは、ともにFS‐Xが初飛行した頃までに発刊されているので、平成一〇年から一二年にかけて、技術実用試験でいろいろな要改善事項が発生する以前の記述だということです。

両著者が発刊前にそのような情報を知ったら、これらの本の結論は必ずしも「日本にとってハッピーエンドになった」とは限らないと思います。

しかし、私はあの時、神様の試練をいただいたのは非常によかった、それを乗り越えたからこそ信頼できるF‐2になったので、米国が開示しなかった試験結果を自ら解決したことで、日本の技術水準の位置付けを一段押し上げたことになったと考えています。現に量産機F‐2の部隊配備後、平成一四年に火器管制レーダーの不具合が報道されましたが、防衛庁が着実に原因究明と対策を行なった結果、すでに解決済みになっています。

今後、F－2の拡張された飛行条件で新たな機能を試みると、新たな課題が発生する可能性もあるかもしれませんが、これらは技術的追認などによって確実に対処して、国内開発の意義を高めたいと思います。


私は昭和三七（一九六二）年に三菱重工に入社後、MU－2、T－2／F－1の開発、次いで将来航空機の技術的可能性をさぐるCCV研究機の開発、そしてFS－X国内開発案の提案などを担当し、FS－X設計チーム発足からはチーム・リーダー、その後プロジェクト・マネジャーを務めました。

定年退職後、平成一四（二〇〇二）年まで、設計チームの顧問でしたが、これからは忘れる一方になります。この本は私がいまだ覚えていることを、巻末の参考文献など手元にある書籍、新聞記事などを参考にして執筆しました。

この本を、読者の皆様が航空機開発史を顧みるよすがにしていただければ幸いに存じます。

平成二一年七月

神田　國一

目次

## 第3章 FS‐Xの開発計画 64



## 第4章 FS‐Xの基本設計 84

## 第11章 絶やしてはならない技術の継承 220



## おわりに 238

（掲載写真の説明文は編集部が付しました）

# 第1章　ＦＳ－Ｘの初飛行

## 延期された初飛行

昭和五〇年代、航空自衛隊の戦闘機はＦ－４ファントム、Ｆ－15イーグルと国内開発のＦ－１とで構成されていた。このうちＦ－１は平成一〇（一九九八）年頃、飛行時間が運用寿命に達した機体が用途廃止になると予想されたため、昭和五五（一九八〇）年頃には、その後継機を計画することが必要と考えられ始めていた。

この後継機は支援戦闘機（Fighter Support）の頭文字からＦＳと未定の機種なのでＸとを合わせてＦＳ－Ｘと呼ばれた。ＦＳ－Ｘは防衛庁が定めた正式名称ではなく、符合にすぎないが、海外でも通用する名称となった。

このＦＳ‐Ｘは FＳ‐Ｘ戦争といわれた日米交渉を経て後述するように米空軍のＦ‐16を改造母機とする日米共同改造開発が合意された。

平成二（一九九〇）年から名古屋を舞台に日米関係企業の技術者が集まってＦＳ‐Ｘの開発が始ま

F-4EJ戦闘機は1971（昭和46）年から航空自衛隊に導入され、1981（昭和56）年まで合計140機を装備し、最盛期には６個飛行隊に配備されていた。1980年代に入り、近代化改修されたF-4EJ改は、支援戦闘能力も備え、F-1支援戦闘機の老朽化にともない、FS-X（F-2）実用化部隊配備までの代替の役割も担った。

F-15は米空軍の制空戦闘機として1972年に試作機が完成、1980～90年代当時「最強の戦闘機」といわれた。航空自衛隊には1982年からF-15J/DJの部隊配備が始まり、現在の主力戦闘機として201機（2018年3月現在）を保有している。F-15J/DJも2000年代に入り、レーダーやセントラル・コンピュータなどの換装により能力向上を図った近代化改修型が登場している。写真は昭和56（1981）年３月、米国で製造され日本に空輸された直後のＦ-15Ｊの1号機。

り、平成七（一九九五）年には初号機がようやく完成しようとしていた。

FS‐Xの初飛行は、防衛庁と三菱重工との調整の結果、平成七年一〇月六日（金曜日）に設定された。

初飛行が行なわれる場所は（平成一七年以後県営の）名古屋空港。滑走路の名古屋空港側（民間側）に三菱重工小牧南工場があり、反対側には航空自衛隊小牧基地が隣接している。

当日は秋晴れの上天気だった。初飛行予定時刻の午前九時には、報道関係者が三菱重工小牧南工場や航空自衛隊小牧基地の滑走路沿いに大きなテレビカメラやスチールカメラを思い思いに設置して待ち構えていた。ところが陽が高くなるにつれて風が少し出て、横風が、滑走路上では秒速一〇メートル以下と決めていた限界を超えるようになってきた。それでも、民間機は大型機も単発のプロペラ小型機も風の影響を受けることなく離発着していたので、皆、期待して初飛行を待っていた。

私たち三菱重工の担当者は滑走路のほぼ全長を見渡せる会社の建物の四階で気象データなどを見ながら、風の弱まるのを待っていた。しかし、しばらく様子を見ていて、予定の時刻には離陸できそうもないことがわかると、まず一時間、飛行を遅らすことにし、滑走路近くで待っている報道関係者に連絡した。しかし一時間後でも風は変わらず、さらに一時間延期を繰り返したあげく、初飛行を翌日に延期することにした。

その晩と翌日のテレビ、新聞では「単発のプロペラ小型機でも飛べるのに、風で飛べない戦闘機」

と冷やかされた。

参考までに、新型航空機は、操縦装置が風に対してどんな反応をするのか飛行前は確認されていないので、初飛行は、風の横方向成分が秒速約一〇メートル以下に制限するのが通例になっている。

後日、FS‐Xは横風に対して非常に強いことが技術実用試験で確認されてからは、横風が強いことで知られる松島基地に配備されたF‐2は、横風があっても横風用滑走路を使わず、ずっと主滑走路だけで運用している。

## FS‐X試作初号機の初飛行

明けて一〇月七日（土曜日）は、天気予報どおり爽やかな秋晴れで、風も穏やかな絶好の初飛行日和になった。初飛行の離陸予定時刻は午前九時。三菱重工でのFS‐Xの一号機の整備と同時に、随伴機となるF‐4戦闘機、T‐4中等練習機も岐阜基地で準備が進められた。報道関係者のカメラは前日と同様にそれぞれ最適の写真が撮れる位置に着いた。

予定時刻の少し前にテストパイロットの渡邉吉之氏が搭乗して飛行前点検が始まった。エンジンランが始まると、三菱重工の建物にいる私たちの耳にもFS‐Xのエンジン音が聞こえてきた。

八時四〇分頃、一号機は動き出して報道関係者からも見える所に姿を現わし、そのまま三菱重工の敷地を出てすぐに滑走路を横切り、滑走路に沿う誘導路を滑走路の南端に向けてゆっくり移動して行った。滑走路東側の小牧基地からはＦ－４が二機出てきて、ＦＳ－Ｘのあとに続いた。

ＦＳ－Ｘは外装物のない、すっきりしたクリーン形態で、白地に真っ赤なストライプが胴体の上下面と両側面に前方に向かって鋭く伸びたレーシングカーのような印象の塗装。これに対しＦ－４はグレーに塗り潰された塗装で、あたかも気品ある若武者が、たくましい二人の武者にエスコートされて進んで行くような顔見せとなった。

三機は滑走路端でしばらくエンジンランをして、まずＦ－４が一機離陸、少し間をおいてＦＳ－Ｘが滑走を始め、すぐに浮き上がって、私たちの前を過ぎる時には平屋のハンガーの屋根より高く上がっていた。

普通は、地上滑走から浮き上がる時は頭上げ姿勢にして揚力を増して離陸するので、従来の航空機では「さて、頭を上げて、よいしょ」という間合いで離陸するのに、ミリタリーパワーのＦＳ－Ｘは機体が勝手に離陸したように、パイロットは感じたようだ。上昇時の加速もよくて、随伴のＦ－４は、アフターバーナーを使用しないとついていけなかった。

三菱重工の建物の四階から様子を見ていた関係者全員が拍手をし、満面の笑顔で喜んだ。私も一緒に拍手をしたが、実は、責任者の因果か各種試験の不具合の記憶が頭をよぎり、心からの笑顔になれなかった。離陸は九時八分だった。離陸から着陸までの状況は渡邊パイロットの話から引用させてい

初飛行中のFS-X試作1号機。平成7（1995）年10月7日に行なわれたこのフライトは離着陸時や飛行中の基本的な機能を確認するのが目的で、急旋回など大きな機動は行なわず、着陸時の安全確保のため車輪を出したまま、38分間にわたり試験飛行を実施した。

ただく。

まずＦＳ‐Ｘは日本アルプスなど中部山岳地帯上空の航空自衛隊訓練試験空域（Ｊ空域）でパイロットとしては、「脚下げ状態のまま、信じられないぐらい非常に安定した飛行を続け、修正動作は全く必要なかった」とのことだった。「初飛行中の機体のチェックとしては、始めにスロットル・レバーを少し動かして、次にサイド・スティック（操縦桿）を軽く押し引きするなど操作して、機能が正常であることを確認した。そのあと、チェーサー（随伴機）のＴ‐４との計器の読み合わせと着陸模擬を行ない、速度計の誤差はわずかで、大きな問題はないことを確認して名古屋空港に戻った」

着陸パターンの一回目は低空で模擬着陸し、九時四六分、二回目に着陸した。ただし、主脚タイヤが接地した瞬間、少し跳ね上がり、すぐにしっかりと着地したが、渡邊氏はこれを「一生の不覚」と言っていた。

このようにちょっと跳ね上がる現象は「ポアポイズ」と呼ばれているが、パイロットとしては恥ずかしいのだそうで、当日夜は、テレビのニュースを見た大勢のパイロット仲間から「下手くそ」と辛辣な祝福の電話が渡邊氏の自宅に殺到したとのことであった。

この接地前後の様子は二回目の着陸パターンからアプローチに入り、滑走路の直前で「わずかに推力を減らしました。降下率はOKです。あと地上まで5メートル、ややフレアー(機首上げ)をしました。いい感じで降下率が減ってきます。あと2メートル、あと1メートル、あと50センチ、最後のフレアー、その瞬間AOAの『ピピピ』『お尻を擦りますよ警報』。ちょっとスティックをホールド、あと10センチと思った瞬間、思いもかけずに接地〝ホップ・ステップ・ジャンプ〟みごとな三段跳び。パイロット人生最悪の瞬間でした。……実際の着陸は、記録映像やデータ解析の結果などを見ると、それほどひどい着陸ではなく、満足すべき着陸でした。三段跳びも、地上から10センチ程度の高さの弾みで、初めての着陸にしては、何とか合格品でした。まあ、自分のイメージとちょっと異なっていたために、ショックが大きかったのかも知れません」

私たちから見ても、よくあのように上手く着陸したと賞賛に値すると思われる着陸だった。ともかく無事に着陸し、三菱重工の敷地に戻ってきたFS‐Xを見て、私は安堵した。

初飛行を無事に成し遂げた渡邊吉之氏のコメントは次のとおり。

「初飛行の大任を終えて、関係者の期待に応えることができ、大変うれしく思っています。飛行中の支援、特に空自飛行開発実験団のチェーサー（随伴機）からのアドバイスは心強かった。感謝致します。FS‐Xの第一印象は『運動性の優れた、軽やかな支援戦闘機』ということであります。初飛行の段階ではあるが、操縦し易い感じがしました。操縦性等については今後の社内飛行試験で引き続き確認していきたい」

一方、防衛庁で開発を担当した技本のコメントは、

「次期支援戦闘機（FS‐X）の試作初号機の社内初飛行が、無事に終了したことを嬉しく思います。初飛行は、飛行試験の第一歩であり、今後とも関係各位のご支援、ご協力を得て、本開発の玉成に向け努力して参りたい」と発表された。

## GD社が欲しかった日本固有の新技術

初飛行から一五年ほど経過した現在（平成二一年）、振り返ってみると技本の、このコメントのとおり、短期間の社内飛行試験と防衛庁の約五年間の技術実用試験を終了して、民間機の型式証明に相

試験飛行中のFS-X試作1号機。三菱重工による1号機の社内飛行試験は初飛行以来、平成8（1996）年2月までに14回実施された。1号機は同年3月に防衛庁に引き渡され、防衛庁技術研究本部および航空自衛隊飛行開発実験団（岐阜基地）での試験・評価に移された。

当する防衛庁長官の部隊使用承認を取得した平成一二（二〇〇〇）年まで初飛行からさらに五年を要した。開発開始から初飛行までも五年だったので、初飛行はまさに「開発の中間点」だった。

しかし、FS-Xの開発はこの一〇年がすべてではない。FS-Xに織り込まれたデジタル飛行制御、複合材一体成形主翼構造、新型レーダー、コックピット・ディスプレイなど日本固有の新技術は開発開始よりさらに一〇年も前から、防衛庁の『将来航空機の研究』として要素技術開発に努めてきた成果であった。

この日本固有の新技術のうち、複合材一体成形主翼構造技術は、実はF-16のメーカー、GDは何としてでも欲しい技術だったといわれる。したがって、この技術が日本の航空機メーカーになければ、米国がF‐16を改造母機とする日本の次期支援戦闘機の共同開発に参加することはなかったであろう。

なお、後述するが、GDは平成四（一九九二）年一二月にロッキードと合併、平成七年にさらにマーチンと合併したので、平成五年以降は、本書ではLM（ロッキード・マーチン）という略称を使う。

また、あとで対日非開示となったデジタル飛行制御は、CCV研究機で技術を習得済みで、日本の固有技術となっていたが、もし米国のメーカーに開発を依頼しなければならなかったとすると、技術実用試験中、必要な時に短期間で、ソフトウェアを改良して、防衛庁から与えられた要求性能を確認することができなかったであろうと思われる。

これらの日本固有の新技術の名称など専門用語でわかりにくいと思われるので次章以降で説明する。なお、参考までに航空機の主要部分と各武装の名称を次ページに図解する。図はF‐2であるが、ほかの航空機の場合でもほとんど変わらない。

## F-2戦闘機各部名称と武装

（図：上田信）

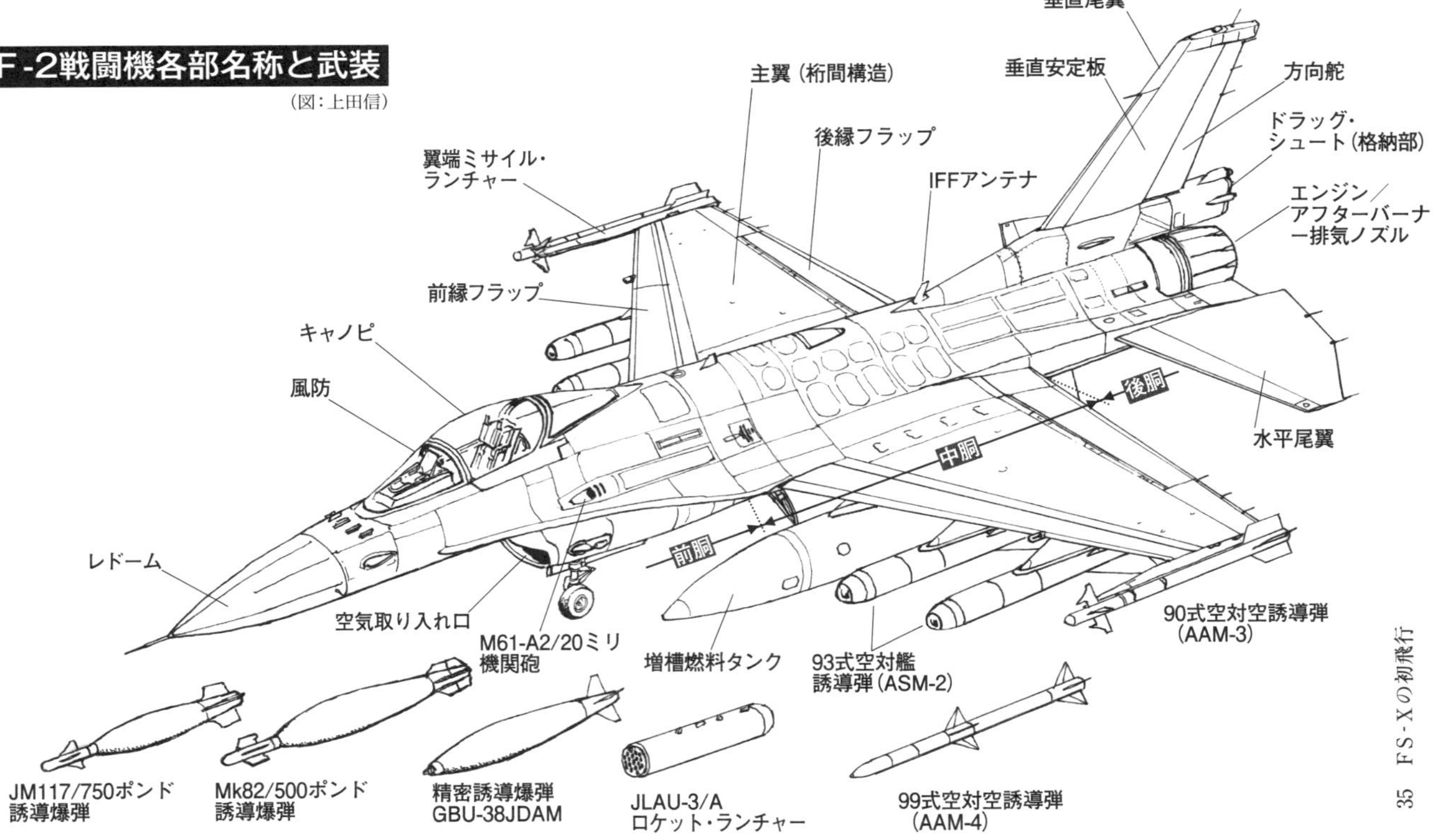

# 第2章　超音速技術習得の出発点

## F-86のライセンス生産でスタート

今では歴史上の事実として知られているとおり、日本は第二次世界大戦後、航空機に関する製造も研究も教育もすべて連合軍により禁止された。

一説に米国は日本の工業化を許さず、永久農業国にするつもりだったといわれるが、朝鮮戦争が起きると工業化を促進し、自衛隊を作るなど方針を大幅に変更した。

これに伴い昭和二六（一九五一）年に、いわゆる「民間航空再開」が許されて、一〇月二五日に日本航空の第一便「もく星号」が羽田から大阪経由で福岡まで飛んだ。翌二七年には航空機の製造禁止令が講和条約締結により解除され、これを機に日本独自の民間輸送機の開発のために産官学が総力を挙げて輸送機設計研究会を設立した。この研究会の成果が昭和三七（一九六二）年に初飛行したＹＳ-11である。

続いて昭和二九年に大学の工学部航空学科において空気力学などの教育が再開された。また同年に

戦後中断した航空技術開発の再開によって国産初の旅客機として誕生したYS-11。1号機は昭和37（1962）年に初飛行し、昭和47（1972）年までに182機が生産された。国内の航空会社だけでなく、海外にも販売されたほか、航空自衛隊、海上自衛隊、海上保安庁、航空局で運用された。写真は海上自衛隊のYS-11M-A輸送機。

航空自衛隊の初代主力戦闘機F-86F。昭和30（1955）年に米国から供与で装備が始まり、昭和31年からは新三菱重工（現・三菱重工）でライセンス生産が開始された。供与機は180機、国産機は300機を数え、昭和57（1982）年まで要撃・支援戦闘機として、また一部は偵察機として運用された。

陸上自衛隊、海上自衛隊と同時に航空自衛隊が創設された。ただし、創設直後は練習機と輸送機のみが運用され、戦闘機は朝鮮戦争で活躍したF-86を米空軍から供与され、昭和三一年に航空自衛隊のパイロットが飛んだのが最初となった。

同じ年に、日本のかつての航空機メーカーも航空機の修理、製造の準備を始めた。しかし、終戦

T-33Aは米国最初のジェット戦闘機P-80Aシューティングスターの発展・複座型の練習機で、1946年に初飛行した。航空自衛隊には昭和30（1955）年から供与され、同時に川崎重工でのライセンス生産も始まった。装備機数は178機（うち供与68機）で戦闘機パイロットの基本操縦課程の練習機のほか、基地間の連絡業務や訓練支援などに使用された。平成12（2000）年に退役した。

F-104Jは、F-86Fの後継の主力戦闘機として昭和34（1959）年に採用が決定した。昭和36（1961）年にロッキード社で組み立てられた航空自衛隊向けの1号機が完成し、昭和37（1962）年から部隊配備された。装備機数は230機（J型210機、複座DJ型20機）で、初期の一部がノックダウン（米国で製造、日本で組み立て）のほか、三菱重工で国産部品によりライセンス生産された。戦闘機部隊では平成2（1990）年に退役したが、14機が無人標的機に改修され平成9（1997）年まで運用された。写真は三菱重工で製造ラインで組み立て中のF-104DJ。

後、七年間の空白期間に世界の戦闘機はプロペラ機からジェット機に変わっていたため、日本の航空機メーカーがジェット戦闘機を製造できるとは世間には信じてもらえなかった。

そこで、戦後の最初の戦闘機生産は米国の航空機メーカーから技術をライセンスとして購入して製造するライセンス生産となり、昭和三一（一九五六）年に三菱重工はF‐86の生産に着手し、川崎重工は戦闘機と同等の水準のライセンス技術を要する練習機T‐33の生産に着手して両機とも航空自衛隊の運用に供された。

このF‐86の飛行時間が運用寿命に達して用途廃止されたら、この後継機としてマッハ2（音速の二倍）の速力を有するF‐104戦闘機に換装することがF‐86の運用開始から約一〇年後に決まった。

また米空軍がF‐104のパイロットを育成するためにT‐38超音速練習機を使用していたことから、日本もF‐104を運用するなら超音速練習機が必要ということで、米空軍と同じT‐38を選ぶか新たに国内開発をするか議論になった。

この時、技本の守屋富次郎本部長が、日本はこの機会に超音速機を開発しないと、永久に超音速機の開発ができなくなると主張し、各方面に訴えた結果、政府の理解を得て超音速練習機を独自に開発することになった。

これがT‐2超音速高等練習機で、その試作機はXT‐2と呼ばれた。しかし、量産機数がT‐2だけでは少なく、開発費を含めた機体単価は高くなるので、XT‐2の開発に成功すればこれを一部改造して支援戦闘機に転用する案がXT‐2開発着手以前からあったといわれる。これについては後述する。

## 超音速機XT‐2の国内開発

XT‐2の開発は三菱重工が主契約者になり、昭和四二（一九六七）年一〇月に着手された。設計チームはASTET（Advanced Supersonic Trainer Engineering Team）と呼ばれ、設計チーム・リーダーは池田研爾氏、チームでただ一人戦争中に戦闘機（烈風）開発のメンバーだった。

発足時のチームは三菱重工四三人、富士重工（現・スバル）一五人、川崎重工六人、日本飛行機六人、新明和一人の計七一人で構成されたが、川崎重工は中型輸送機C‐1の主契約者に指名されたのでASTETから外れた。計画図面作成の繁忙期には各社が増員し、計一八三人に達した。

昭和四四（一九六九）年、各社帰任前の四月二一日、二二日にはモックアップ（実大木型模型）審査が行なわれ、二四日には記者に公開された。

私はXT‐2の設計チームに発足時から参加し、構造班に所属した。構造班では中胴後部構造の設計とともに全機の疲労強度解析と主翼、尾翼のフラッタ検討も担当した。フラッタとは旗が強い風ではためくように、音速付近で左右翼の前後縁が交互に上下する捩《ねじ》り振動を起こす現象である。

昭和46（1971）年７月、初飛行を終え着陸したT-2超音速高等練習機の試作１号機XT-2。国産初の超音速機で、量産型は昭和50（1975）年３月に完成、同年から練習機として部隊配備が開始され、量産型の６、７号機はF-1支援戦闘機の開発原型機に改修された。装備機数は96機で昭和63（1988）年に最終号機が納入された。

音速の前後では翼面上の風圧中心が前後に少し動くため捩り振動を起こしやすくなる。翼の強度（壊れにくさ）、剛性（変形しにくさ）が十分あれば問題ないが、不足していると翼が破壊し、墜落する恐れがある。

ＸＴ－２は、火器管制レーダーと対空ミサイルを搭載できる超音速戦闘機に近い高等練習機だったため、その開発は超音速航空機の技術である超音速空気力学、フラッタ、軽量金属チタンについての知見などいろいろな面で非常に勉強になった。特に新型機の開発では強度試験、飛行試験などでさまざまな事象、不具合に出合うことを身をもって認識し、開発時は、それを遅滞なく処理する心構えを学んだ。

本書に記述した不具合はすべて私の身近で起きたことであり、他分野の担当者も私がよく知らない経験をして高い技術力を得た人たちで、のちにFS‐X設計チームでは、キーポイントにはそのような技術者が参加した。

試作機XT‐2の一号機は昭和四六（一九七一）年四月二八日にロールアウトし、同年七月二〇日に初飛行に成功した。パイロットは三菱重工の遠藤健四郎氏で初飛行のパイロット・コメントで「シミュレーターのとおりでした」と言ったのが有名になった。

初飛行の翌日には第二回目の飛行試験が行なわれたが、その後、全日空のボーイング727が訓練中のF‐86戦闘機に衝突し墜落した、いわゆる雫石《しずくいし》事故の影響で自衛隊機の飛行が制約されて二か月間、XT‐2の社内飛行試験もできなかった。

社内飛行試験再開後、各種試験とともにフラッタ試験を開始した最初の飛行試験では、絶対に問題ないと考えた高度速度で主翼を加振したあと、減衰が弱く、次の試験で少し速度を上げるだけでフラッタに入るかと思われるデータが出て、大変驚いた。

身近に実機の主翼フラッタ試験を経験した先輩がいなかったので現役の担当者がデータの前に集まって何時間も議論した結果、フラッタが発生しにくい三万フィート（約九千メートル）の高空では、振動を与えたあとの減衰も弱いのだろうと考えて、フラッタ試験二日目の試験は速度の増加分を予定の半分として実施することを深夜三時頃上司に報告して了承を得た。

その日の試験結果は振動の減衰が多少向上したので、安心し、徐々に速度を上げる試験計画に戻すことができた。そして一一月一九日には三〇回目の社内飛行試験でついにマッハ１・03の超音速を国産機としては初めて記録した。

その後マッハ１・２までの社内飛行試験を完了して、一二月一五日に岐阜の試験場（航空自衛隊実験航空隊、現在の飛行開発実験団）にＸＴ－２一号機が納入された。私を含め数人の技術部要員が機体の付属品として一緒に納入されたかのように翌日から岐阜基地に出勤し、ＸＴ－２の飛行試験支援が始まった。

当時私は知らなかったが、防衛庁は社内飛行試験で超音速を出さないと機体を受領しないと非公式には言っていたそうで、それを私たち担当者に伝えなかったのは、会社側の思いやりだったのであろう。

この超音速達成までの経緯は非常に勉強になり、戦闘機独自開発に自信を持つ支えとなったが、さらに勉強になる出来事が、防衛庁の技術実用試験とパイロット訓練飛行中に起こった。

以下二件の「オーバーG」「主脚扉の飛散」と、本章後半のＣＣＶ研究機の「あわや墜落」のような出来事は、自らの手で開発を行なっていた者だからこそ身にしみた経験となり、それが開発の底力になるのであろう。こういう経験をできる限り大勢の若手技術者に与えて、優れた開発技術力を維持する必要がある。

## (1) オーバーG

一つは、社内では「オーバーG」と呼んだ事案だった。この件の経緯を私は十分知らないので『WING』誌連載コラム「コックピット」に掲載された鍛冶壮一氏のXT-2のこの出来事に関する記事から概要をまとめると次のようになる。

「昭和四十七年春、七千五百フィート（約二千三百メートル）の高度でマッハ0・9で飛行中のXT-2一号機は、試験のためパイロットが操縦桿に軽く前後の力を加えた。その途端に、機体は狂ったように機首を上下に振幅六十度もの角度で振り、このため空気抵抗の壁に激突した形になり、ものすごい衝撃を受けた。計器盤のGメーターは振り切れ、エンジン排気温度は異常高温を指し、左エンジンの発電機は破壊、地上との交信が不能という状態でパイロットは浜松基地にかろうじて緊急着陸することに成功した」

この時、私は三菱重工の大江工場内の設計室にいたが、岐阜基地からの連絡で、同僚の自家用車ですぐに飛び出して浜松基地に行き、機体の調査に参加した。Gメーターが振り切れたにもかかわらず瞬間的であったため、構造は何も破壊に至らなかった。結局、異常のあった装備品などの交換後、自力で岐阜基地に飛行することになった。

T-2の操縦系統は舵面を油圧アクチュエータで操舵するシステムで、操縦席からアクチュエータまではワイヤ・ケーブルで力の信号を伝える機械式操縦系統であった。調査の結果、この操縦系統が

T-2は生産時期により前期型と後期型があり、戦闘機基本操縦課程には前期型が、戦闘操縦課程にはレーダーと20ミリ機関砲を装備している後期型が使用された。写真は飛行開発実験団に配備されていた前期型を改修した特別仕様型で、ASM-1空対艦ミサイルを試験のため主翼下に搭載している。この写真の5107号機はT-2最後の１機で平成18（2006）年３月に退役した。

共振を起こしやすいことがわかり、全機改修された。

音速に近い高亜音速以上の速度では、非常に大きな風圧になることは誰でも知識としてわかっているが、機体に異常な変形や振動が起きると、非常に大きな荷重が機体にかかることを身にしみて悟った出来事だった。

この後の開発機ＦＳ‐Ｘではデジタル飛行制御システムになったので、信号は電気で送られるようになり、同じ異常振動は根本的に発生しなかった。

防衛庁技本と実験航空隊によるＸＴ‐２の技術・実用試験は昭和四九（一九七四）年三月に終了し、同年七月二九日に防衛庁長官から部隊使用承認が与えられた。昭和五一（一九七六）年四月には松島基地の第四航空団で一九機のＴ‐２によって学生の訓練が始まった。

世界中で自国開発の超音速機が運用に入ったのは、米国、ソ連、英国、フランス、スウェーデン、インドに次いで日本が七番目で、ほかの国々が日本の航空機開発技術力を認識することとなった。

## （2）主脚扉の飛散

もう一つ、主脚扉が飛行中に飛散する出来事が、練習機として運用に入ったあとに発生した。学生パイロット二人が前後席に乗って訓練後、基地に帰る途中で、編隊飛行していた僚機から脚扉がなくなっていることを知らされた。確認したところ脚下げの操作をすると脚は正常にダウンするように見えたが、脚ダウンロックのランプが点灯しなかった。そのまま着陸した場合に、ロックされていない脚が引っ込んでしまうと胴体着陸になり、パイロットは二人とも不慣れな学生パイロットで危険が大きいとして、海上に出て、パイロットは脱出、機体は放棄という処置がとられた。

高亜音速で飛行中、機体表面の空気の流れる速度はその形状、機体上の位置によって異なる。調査の結果、高速になりやすいエンジンの空気取り入れ口周りでショックウェーブ（衝撃波）が発生し、それが後方に流れて脚扉にかかり、扉の前方は低圧、後方は高圧になって、扉の前縁は機体の外に引き出され、後縁は脚室内側に押し込まれるように変形したものと推定された。

こうなると扉の前方から空気が流れ込み、風を孕《はら》んで扉はねじ開けられ、胴体からもぎ取られて飛散したと考えられた。対策としては、扉の前縁の構造部材を肉厚の頑丈な枠材に変更し、以後、この現象は発生していない。

二〇年後、私たちがＦＳ‐Ｘを日米共同開発することになり、この初期にテキサス州フォートワースの工場でＦ‐16を調査する機会があった。機体に近づいて脚周りを見た時、驚いたことにＦ‐16の主脚扉の前縁は、Ｔ‐２の改造済みの機体と同じように、ごつい枠材でできており、しかも、扉を開け閉めするアクチュエータがこの枠材に取り付けられていて、扉を閉じるとがっちり固定するようになっていた。

Ｆ‐16、あるいはそれ以前に開発された超音速機が、かつてＴ‐２と同じ出来事を経験したように思われた。このような出来事は、「オーバーＧ」も「主脚扉の飛散」でもそれゆえに開発の失敗とか、欠陥機などと言うには当たらない。実際に飛行して初めて遭遇する事象やそのデータは飛行試験でないとわからず、その事象を想定することさえ困難である。

実際、飛散した脚扉は私のグループで設計したものであった。しかし、設計中も試作中も閉じた扉の外表面の風圧が特異な分布になる可能性については、まったく何の知識も情報もなく残念なことであった。

ＦＳ‐Ｘの場合は、世界中で三千余機のＦ‐16が運用されている時に共同開発が決定されたが、日本に移転された技術資料はＦ‐16の試験結果を含まない開発段階の資料に限定された。飛行試験や運用の結果得られた資料は、非開示とされていたのである。

要はそのような技術資料は、自ら開発する人だけが得るもので、他者、他国には開示されない秘データなのだ。したがってXT-2の「オーバーG」も「主脚扉の飛散」も誰かが教えてくれることはなく、自分たちで時間と経費をかけて習得するしかなかった。

実機の試験で予想外の不具合に遭遇した時、これを解決できなければ、欠陥機と言われても仕方ないが、迅速にこれを解決して不具合を繰り返すことがなければ、それは欠陥ではない。試作機の飛行試験は、むしろ不具合を早期に発見し是正するために実施するのである。

## ジェット戦闘機F-1の開発(FS-T2改)

XT-2の試作機を防衛庁に納入し、開発が一段落すると、開発着手以前からあった構想に沿って機体を支援戦闘機の試作機に改造する設計作業が始まった。

この改造機はT-2の特別仕様機で「FS-T2改」と呼ばれ、XT-2の試作一号機から数えて、六号機、七号機を新規製造ラインから引き抜いて主として支援戦闘機用のアビオニクス(航空機搭載用電子機器)を搭載する改修を実施した。

T-2と比較するとアビオニクス以外はほとんど同じで、特に空力特性に関係する外形形状は垂直

F-1はT-2をベースにして、航空自衛隊の航空機では最初から支援戦闘機として開発された。昭和52（1977）年６月に初飛行し、量産機は同年から部隊配備が始まりF-86Fを装備していた３個飛行隊が順次、F-1に機種改編した。装備機数は77機で、F-2の配備により平成18（2006）年３月に全機が退役した。

尾翼の最上部につけたレーダー警戒装置のアンテナによる相違だけであった。ただし、後部座席は電子機器室にしてアビオニクス装備を搭載したので、キャノピのガラスはなくして同じ形状の金属製の整備用アクセスドアにした。

最初に飛行したのは七号機で昭和五〇（一九七五）年六月三日に初飛行、六号機は同じく六月七日に初飛行した。岐阜基地の航空実験団はこの両機を受領後、その機能、性能を技術実用試験という飛行試験で確認した。ただし、外部搭載形態がXT-2と同じ形態の試験は省略し、支援戦闘機固有の形態についてフラッタ試験、スピンなどの飛行特性試験を実施した。

重い外部搭載物を特に翼端に近いほうに搭載するとフラッタにも飛行特性にも厳しい状態になるが、無事クリアできた。その結果、防衛庁は昭和五一（一九七六）年一一月一二日に部隊使用承認を与えるとともに「FS‐T2改」を「F‐1」と改称した。

F‐1の主任務は、日本に侵攻して着上陸を図る敵部隊を阻止することであった。したがって特に洋上で対艦攻撃するために、第一には必要な攻撃兵器を搭載し、第二には日本周辺は天候変化が多いので、悪条件の洋上で敵艦船を発見し、攻撃できるように全天候での飛行と航法能力を持ち、第三には目標に高精度で照準を合わせ、武器の発射管制をするシステムを航空機に搭載しなければならなかった。

対艦攻撃の武装は、国内開発の空対艦ミサイルのほか、誘導爆弾、通常爆弾である。さらに敵艦隊のいる海域に向かって航行中に、敵の護衛戦闘機が飛来した場合に対処するために、固定武器の機関砲のほか、空対空ミサイルAIM‐9Lなどを搭載できるようにした。

したがって、T‐2に追加する装備品の機能としては、まず国産の高精度の慣性航法装置を使い、常に自機の現在位置を緯度と経度で表示し、目的地との相対位置、飛行情報を示す自動航法能力を強化した。また、目標照準機能の強化のため、国産の火器管制レーダーと武器投下管制コンピュータと、これらに必要なデータを与えるエアデータ・コンピュータ、レーダー警戒装置、電波高度計なども搭載していた。

その結果、F‐1は自立航法による接敵と高精度の射爆撃が可能となった。このような多彩な装備にもかかわらず、整備性はよいといわれ、機体のトラブルで墜落したことがない信頼性の高い支援戦闘機であった。

これらの装備品はその後改良され、F-4EJの機体寿命延長と能力向上を目的とした改修においてアビオニクス類に適用された。

このF-1が徐々に退役し、築城基地に残った七機のうち六機が平成一八（二〇〇六）年三月九日に最終飛行を行ない、F-1は運用を終了した。

## 次世代機に欠かせない新技術の開発

どの航空機メーカーでも、どの航空機技術者でも、自分たちが開発した航空機を飛ばしたいと夢見るのは当然であろう。

三菱重工も、戦後再び日の丸飛行機を飛ばすことは夢であった。しかし、防衛庁が戦闘機の新機種導入を計画するたびに三菱重工が「第一線戦闘機でも開発可能です」として提案書を提出しても、防衛庁も通産省（現・経済産業省）も大蔵省（現・財務省）も信じてくれず、したがって開発予算の要求さえできない状況が続いた。

開発された超音速高等練習機T-2の運用が始まってからでも、T-2は練習機であり、F-1は支援戦闘機であって、その開発に成功したといっても第一線の戦闘機を開発できる根拠にはならないとして、この状況は変わらなかった。

防衛庁技本の航空機関係部門は、このような状況を打破する新技術の研究や新型航空機の開発がないと、守屋本部長の努力が無駄になり、航空機開発技術が雲散霧消してしまうとして、昭和四八（一九七三）年頃から、「将来航空機技術の研究」として、次世代の航空機開発に必要な技術と考えられる「航空機諸元策定プログラム」「複合材構造の研究」「将来戦闘機形状の研究」などを始めた。

これらは技本が研究計画を設定し、国内の航空機メーカーが分担して試験する供試体や試験用模型を製作して、技本第三研究所（現・航空装備研究所）などが試験を実施し成果をまとめた。

FS・X開発終了後、振り返ってみると、この各要素技術研究はFS・Xの技術開発に大変役に立った。日米両国政府が、日本が独自でも戦闘機を開発できることを認める貴重な根拠となった。

### (1) 航空機諸元策定プログラムの研究

「航空機諸元策定プログラム」は、飛行速度、航続距離、乗員数や貨物搭載量などの要求性能をインプットすると航空機の形状を示す三面図と、寸法、重量などを算出する計算機プログラムで、逆に三面図、寸法、重量とエンジン性能をインプットすると、飛行速度、航続距離、搭載量を算出することもできた。

このようなプログラムの元祖となったのは故中口博東大教授の『航空機データ集』であった。航空機の実機例の諸元データを収集し、諸元どうしの関連を調べると、一つの諸元データから他の諸元を推定できる関係式を見つけることができた。たとえば主翼面積に関する係数を横軸にして、同類機の機体重量を実機例から求めて曲線グラフを作ると縦軸の値として機体重量推定値を簡単に求めることができた。

ＦＳ‐Ｘの計画立案で、国内開発案と比較する欧米の既存戦闘機の性能を推定する時と、開発着手後ＦＳ‐Ｘの基本形状を設定する時に最も軽量、高性能になる形状を選ぶデータの作成にこのプログラムは非常に役に立った。

### (2) 複合材構造の研究

「複合材構造の研究」は、その頃、国内でゴルフシャフトや釣り竿などに広く使われるようになった炭素繊維とエポキシ樹脂を固めた複合材料を航空機構造に使って、構造の軽量高強度化を図る研究であった。

この研究は技本が中心になって航空機メーカー各社が参加し、それぞれ自社が開発した航空機の構造部品を複合材化する計画であった。三菱重工は、飛行中に前脚を収納する扉を複合材で試作し、岐阜基地の飛行開発実験団のＴ‐２に取り付けて飛行試験を行ない、航空機構造に適用できることを確

ボーイングB-787は2009年12月に初飛行、2011年から日本をはじめ各国の航空会社で採用されている。B-787は主翼や胴体など主要部をはじめ機体には、FS-Xの開発で実用化された複合材が約50%の比率で使用されているのが、大きな特徴になっている。

認した。

技本の第三研究所は「三研」と略称される航空機関係の研究機関であり、次のステップとして戦闘機級の主翼を複合材で試作する研究を行なった。その技術が後日、ＦＳ‐Ｘの複合材一体成形主翼構造に活用され、さらにボーイング７８７の主翼構造にまでつながった。

昔、エジソンが電球を発明した時に、フィラメントの材料を求めて試行錯誤し京都八幡付近の竹が最適であることを発見、それを蒸し焼きにして作った炭素繊維を使って実用に耐える電球ができたとされる。現在、複合材用の炭素繊維で日本のメーカーがかなりのシェアを占めているのは、エジソンの功績から炭素繊維の強さ、耐久性に自信を持っていたからであろうか。

## 将来航空機技術の大物研究

「将来航空機技術の研究」の成果が見えるようになった頃、このような模型や小部品の地上試験だけでは新型機の開発が可能であることの証明になりにくいので「実機大の試作品を飛行実証する大物研究が必要だ」という声が技本の上層部から出てきた。

これに対応して、将来航空機技術研究の二段目として「CCV研究機」「複合材一体成形主翼構造」「将来火器管制装置」「将来慣性基準装置」などの試作、試験が実施された。ただし、この予算は特定の新機種開発事業とは関係ないという一札《いっさつ》を入れて認められたと聞いている。

### (1) CCV研究機

「CCV研究機」のCCV(Control Configured Vehicle)とは、「操縦装置の機能・性能を初めから考慮して機体の基本設計をした航空機」という意味の英語の頭文字である。

従来は飛行中の空力(空気力学)特性として抵抗が小さく、揚力が大きくなる外形形状と、飛行姿勢の安定性および舵の効きがよい舵面の配置を考えて基本設計を行なってきた。しかし、CCV機の場合は、敏感で素早い舵面操舵で揚力を制御し、同時に飛行安定性を保つようにして、全体として小

CCV研究機はT-2（試作３号機）を改造し、従来の航空機の形状を決定していた空力、構造、エンジンの３要素に、操縦装置を加えて４要素とし、さらによい機体形状の追求を目的に開発・実験用に製作された。昭和58（1983）年８月に初飛行し、翌年から昭和62（1987）年まで防衛庁技術研究本部によって基礎実験などが行なわれた。主翼の前にある水平カナード翼、胴体下の垂直カナード翼などが追加されているのが外観上の大きな特徴。

型軽量化を図ることができる。

このようなCCV技術の研究が欧米で行なわれていたので、日本でも戦闘機を運用していく限り技術の習得が必須と考え、防衛庁技本はT-2を改造してCCV研究機を独自に研究開発することを決定した。

CCV技術の中核はデジタル飛行制御装置であり、CCV研究機はそのコンピュータが一台故障しても墜落しないように、三重のシステムを採用して、従来の機械式飛行操縦システムと同等以上の安全性を確保している。

後述する次期支援戦闘機F-2は、CCV研究機の成果を利用したシステムで、どんな飛行条件でもパイロットの意図どおりの飛行ができる。横風が強くても安定した着陸ができるし、プロペラ単発の軽飛行機と並んで低速で飛んでも安定して飛んでいる。

確か平成一三（二〇〇一）年の岐阜基地の航空祭でＦ‐２とＦ‐15がプロペラ単発機と横一線に並んで低空飛行を展示したが、Ｆ‐15が少しふらついて安定性に欠ける感じであったのに対し、Ｆ‐２はしっかり安定していた。

また、Ｆ‐２は雲中を飛んでいるうちに、パイロットが天地を判断できなくなった時、ボタンを一つ押すと、頭のほうが天になり、足のほうが地になる正しい飛行姿勢に自動的に回復することができる。

ＣＣＶ研究機のもう一つの狙いは在来機ではできなかった運動、たとえば機首の向きなど機体姿勢を変えずに飛行高度を変えることであった。このため前胴下に尾翼のような小さな舵面のカナード翼を装着し、これに働く空気力で飛行方向を制御する試験を行なうことを計画した。

ＣＣＶ研究機は昭和五八（一九八三）年八月九日に初飛行したが、その二か月後の一〇月一四日に、あわや墜落かと皆が肝を冷やした出来事があった。

飛行試験は当初はカナード翼を取り外し、Ｔ‐２と同じ安定性のある形態で実施した。事故のあった一四日はＣＣＶ研究機の一三回目の飛行試験だったが、初めてカナード翼を前胴下部に取り付けて行なわれた。

いつものように名古屋空港で離陸直後、浮かび上がったばかりの時に横風のためか、機体が左側にバンク（横に傾くこと）した。パイロットはいまだ地面が近いので、翼端が接地しないようにすぐに右に傾けるように操縦した。すると、機体は右側に大きくバンクした。二、三回、右に左にバンクしたあと、パイロットがコンピュータ制御から非常用の手動制御に切り替えたところ、機体は安定を取り戻した。

たまたま別の取材で名古屋空港に来ていたＮＨＫのテレビカメラがこれを捉え、放送したので、ご記憶の方もいるかもしれない。

この後、不具合の原因を究明して、ＣＣＶ研究機の操縦システムを直し、ＣＣＶ研究機の試験を再開するまで、防衛庁技本の担当官と三菱重工関係者の努力は大変なものであった。

この出来事で私たちは、新技術は慎重の上にも慎重に進めなければならないことを、強烈な衝撃をもって教えられた。ＦＳ‐Ｘではこれをしっかり踏まえて操縦システムを構築し、試験で確認したので、初飛行から一四年経過後でも無事故を維持できている。参考までに、海外では米国の最新型戦闘機Ｆ‐22、スウェーデンの戦闘機グリッペンなど、デジタル飛行制御システムの不具合で胴体着陸や墜落事故を起こした例は少なくない。

### (2) 複合材一体成形主翼構造の研究

「複合材一体成形主翼構造」は、前述のＴ‐２前脚後方扉を複合材で作った技術を発展させた戦闘機などの主翼構造モデルで、供試体は「三研翼」（三研の試作主翼構造の意味）と呼んでいた。

「三研翼」の前に、川崎重工が主契約者となって開発したT‐4中等練習機において、三菱重工が担当したスピードブレーキは、三菱重工の「複合材一体成形構造」の技術で製造された。スピードブレーキは構造も荷重も主翼より小さいが、「複合材一体成形構造」が実用できることを示した意味は大きかった。

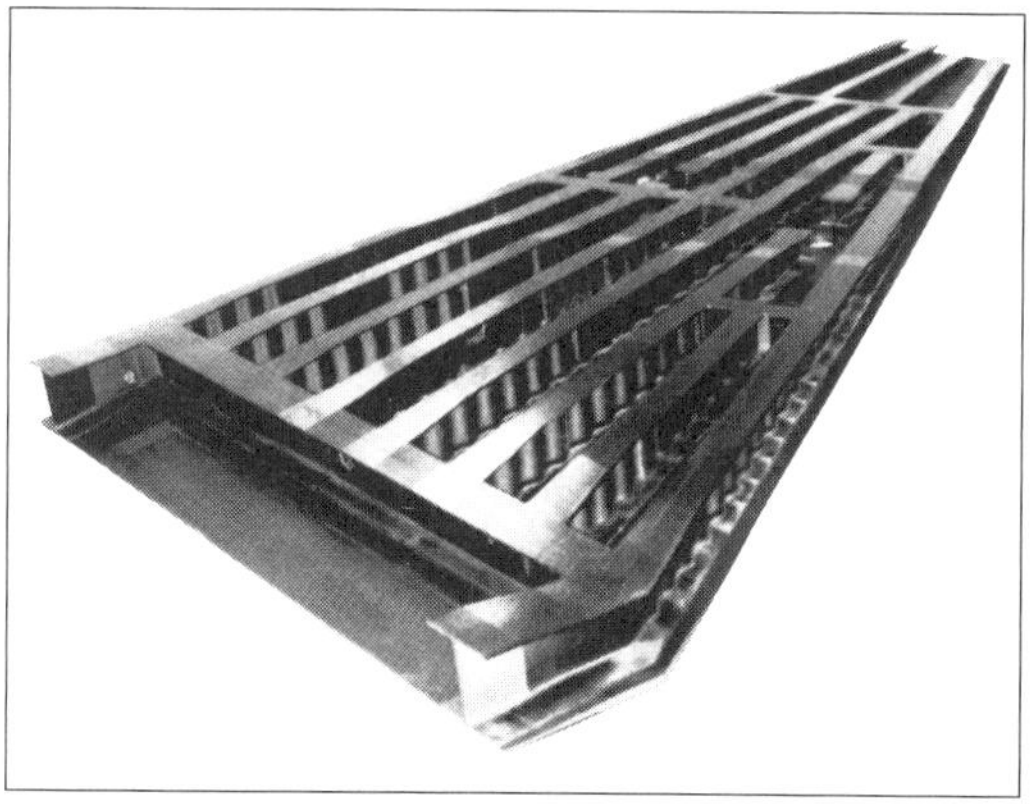

防衛庁技術研究本部第３研究所で研究・実用化が進められた複合材一体成形主翼構造（三研翼）のモデル・イラスト。翼の下面外板と骨格（桁と力骨）の構造材は炭素繊維を主な材料に一体成形されている。

「三研翼」は地上で各種の強度試験を実施し、特に問題になることはなかった。しかし「三研翼」の供試体を製造するのは容易ではなかった。

容易でなかった理由を述べる前に、複合材料そのものを説明しておきたい。

まず、私たちが航空機の構造部材として扱ってきた複合材料はCFRP（Carbon Fiber Reinforced Plastic：炭素繊維強化プラスチック）と呼ばれ、髪の毛より細い炭素繊維で補強したエポキシなどの樹脂である。

炭素繊維の並べ方によって強さは異なるが、一方向

T-33A練習機の老朽化にともない開発されたT-4中等練習機。昭和56（1981）年から開発を始め、昭和60（1985）年7月に1号機が初飛行した。昭和63（1988）年より部隊配備され、装備機数は212機。パイロットの基本操縦課程の中等練習機のほか、連絡機、ブルーインパルスチームの使用機体として運用されている。機体には複合材を適用して軽量化を図るなど多くの新技術が用いられた。写真は試作機XT-4の1号機。

だけに繊維を揃えた一方向材は、その繊維の方向に引っ張った時の比強度（＝強さを比重で割った値）はジュラルミンの七倍にもなる。しかし一方向材は繊維を横に引っ張る力に対しては弱いので、横方向にも、斜め方向にも炭素繊維を並べてどの方向に荷重がかかっても耐えられるように構造部材を作る。

どの方向にも同じ量ずつ並べたものは疑似等方性があるというが、比強度は一方向材の1／3くらいで、その場合でもジュラルミンより十分軽い構造ができる。

次に、金属材料と違いが大きいのは、成形加工方法である。金属は材料メーカーから購入した時点で丸棒、板などで、航空機メーカーが熱処理、表面処理（防錆剤塗布など）をするだけで構造部材になる。しかもその処理によって機械加工後の寸法、形状、強度は大きくは変わらない。

複合材料は、一般的には複合材料メーカーから高強度の炭素繊維を樹脂で半固めにしたプリプレグを買ってくる。プリプレグとは複合材の材料メーカーが炭素繊維をきれいに並べた平らな浅い容器に液状のエポキシ樹脂を流し込んで半乾きにしたものである。これは京都のお菓子の生八ツ橋のようなもので、柔らかくて形は自由に変えられる。

構造部材としては、荷重の大きいところはプリプレグを何枚も重ねて成形する型の上に並べる。これを焼き固めると欲しい形の構造部品ができる。航空機の構造部品は生八ツ橋に比べると非常に大型なので、全体が隅から隅まで同じ温度で焼き固められて、硬さが一定になるようにすることが必要で、焼き上がった形は航空機構造部材として捩れたり歪んだりしていないことが求められる。

主翼の外板が正しい形状にならないと、揚力が計画どおり発生しないとか、真っすぐ飛ぶつもりが左右に傾いてしまったりして、まともな航空機ができない。三菱重工の工作部ではいろいろと試行錯誤を繰り返して、設計図どおりの「三研翼」を製作し、強度試験の供試体として三研に納入した。強度試験は温度、湿度の環境条件の変化も模擬して実施し、目的の強度を確認した。

### (3) 将来火器管制装置の研究

「将来火器管制装置」とは、従来、戦闘機の機首先端に搭載しているレーダーは、大きい皿型のアンテナの向きを機械的に動かして目標を探し、動く目標を追尾するようになっているのに対し、小さいレーダーを多数、平らな皿にびっしり並べ、それぞれの小レーダーが発信する電磁波の位相を少しずつずらすことによって、電磁波全体としての方向を変える新型レーダーのことである。したがってアンテナなどの機械的な動きはなく、電磁波の位相差の制御によって視野の向きを迅速に動かすことができる、あるいはレーダーの上半分で上空の目標探知を行ないながら、下半分で海面上の追尾ができるなどのメリットがあるとされている。

日本は優れた民需用電子技術を用いて、世界に先駆けて戦闘機搭載用のこの新型レーダーの開発に成功した。この試作レーダーは輸送機C‐1に搭載して飛行試験を行ない、戦闘機用レーダーとして実用できることを防衛庁は確認した。

### (4) 将来慣性基準装置の研究

「将来慣性基準装置」は、回転している独楽《こま》が軸まわりとは異なる動きをする時発生する力から土台の回転力を検出していた従来のジャイロに代わって、円環状に巻いたガラスファイバの中を進むレーザー光の速度が、装置ごと回転することによって光路差を検知するもので、原理的に新しくはないが、計測装置としては我が国の進んだ民需品技術によって小型高精度の装置が戦闘機搭載用ジャイロとして実現した。

この慣性基準装置の試作品は自動車に搭載し、起伏の激しいでこぼこ道などを走り回る試験を経て、実用性が確認された。

これらの成果が現れた頃、防衛庁の長期計画に次期支援戦闘機ＦＳ‐Ｘの国内独自開発の計画が出てきた。三菱重工はこれに応じて技本の部内研究の参考資料として、ＦＳ‐Ｘの国内開発の技術的可能性の検討に必要な資料を積極的に提出した。

# 第3章　ＦＳ‐Ｘの開発計画

## 米国からの圧力

昭和五九（一九八四）年、技本は戦闘機の運用者の立場にある航空幕僚監部から次期支援戦闘機の国内開発の可能性を問われ、翌年五月にエンジン以外はすべて国内開発、生産可能と回答したことが報道された。

新聞によると、米国政府は日本が独自で戦闘機を開発する機運に対して認められない、何とか米国製の戦闘機を採用するようにと、圧力をかけてきたという。

日本以外にも米国から導入したＦ‐１０４、Ｆ‐４、Ｆ‐５などを使っていたイスラエル、台湾、韓国が、その後継機としてF‐16、F／A‐18を勧められても、これらの機種はすでに米軍が相当数を使用しており新戦闘機としてはいかにも古く、それなら自国内で開発すると言ったのは当然だったと思われる。

米国がこれらの同盟国の要求に合う戦闘機を用意していれば、日本でもその戦闘機を導入することになったかもしれない。台湾と韓国は、米国の既存機と自国の開発機の両方を装備することになった。

F/A-18は米海軍、米海兵隊の航空戦力の主力となっている艦上戦闘／攻撃機。1970年代に入り開発が始まり、量産型のF/A-18は1978年に完成、1980年から米海軍に配備が始まった。多用途戦闘機で米海軍、米海兵隊は1230機を装備し、カナダ、オーストラリアなど7か国の空軍でも採用されている。

日本は結局、防衛庁が想定している将来の防衛環境では、F‐16、F／A‐18などの既存機では脅威に対抗できないと推測されることを説明し、新規開発ないし大幅な能力向上が必要なことを米空軍に理解してもらったものと、新聞報道などの前後関係から推察される。

三菱重工は昭和六二（一九八七）年一月頃から各航空機メーカーの協力を得て「FS‐X民間合同研究会」を結成した。研究会には川崎重工、富士重工から数人ずつ航空機設計技術者を派遣してもらった。エンジンの石川島播磨重工（現・IHI）と電子機器の三菱電機は会議にそのつど出張するかたちで参加した。そして、この研究会は次期支援戦闘機はあくまでも日本の独自開発を希望するとして、防衛庁に提案する国内開発案の作成にとりかかった。

一方、日本政府は米国からの圧力に対し、欧米の航空機メーカーに提案書を求め、これに応じたメーカーは既存機の能力向上などの提案書を提出の上、昭和六二年三月頃、各社ごとに防衛庁に対し提案書の説明を行なった。

この状況において「FS‐X民間合同研究会」も、国内開発案の提案書を提出し、四月には防衛庁に対して説明する場を設けてもらった。

提案書と同時に欧米の既存戦闘機の性能推定値なども比較のため提出したが、この性能推定には前述の「航空機諸元策定プログラム」が大活躍した。

### (1) F‐16改造「SX‐3」の選定（ランド社報告書）

ランド社のマーク・ローレルの著書『トラブルド・パートナーシップ』では、FS‐X共同開発について記述、分析している。要約すると以下のようになる。

「一九八七年九月、日本政府はFS‐X国内開発案を捨てて米国戦闘機をベースにする決心を固め、候補をF‐16改造SX‐3とF‐15改造の二案に絞った。

GDはSX‐3に日本のアビオニクス（レーダーなど）を搭載するのには反対したが、CCV技術については一九八〇年代の初頭、垂直カナードをつけて実験したことがあり、日本の要求に適合すると考えた。また、ＧＤは日本の複合材主翼構造は適用したいと希望していたようだった。実はこの頃、米軍が計画していた新型機を、ＧＤが契約する予定になっていた。この機体にはステルス性と軽量化のため複合材構造を考えていたが、ＧＤは航空機の主要構造を複合材で作った経験がなかったので、契約ができるか否か危ぶまれていた。あとでわかったことではあるが、この年（一九八七年）の年末までに締結されると予想されていたこの新型機の開発契約受注のことがあったため、ＧＤは三菱重工の複合材一体成形主翼構造の技術を喉から手が出るほど欲しかったと思われる。

この時点で米国国防総省（Department of Defense：以下ＤｏＤと略す）は、日本の企業の考えに対し大きな反対はなかった。むしろ日本側の考えを明確には理解していなかった。ＤｏＤの担当官は、ＧＤと三菱重工がどの程度の改造まで合意していたのか十分には把握していなかった可能性がある。ＤｏＤの目的とするところは、米国の戦闘機を改造するＦＳ‐Ｘということで日本が戦闘機を国内開発するのをやめることと、米国契約者がＦＳ‐Ｘ計画において大きな作業分担を獲得することであった。

ＤｏＤの担当官は、日本の新技術を改造対象の米国戦闘機に組み入れることに大きな問題があるとは考えず、また日本の目覚ましい新技術開発にアクセスできるまたとない機会として注目する、ということもなかった。むしろ、米国の企業は非常に能力が高いので、開発に参加すればＦＳ‐Ｘの仕様とその開発に大きな影響を与えるであろうと考えていた。

実はＤｏＤの担当官は、ＧＤ提案書の要旨に含まれていた改造の規模について知ってはいた。ＤｏＤもＧＤも理解していなかったのは、三菱重工がＦ‐16のデータをＦ‐16の技術変更提案（ＥＣＰ：Engineering Change Proposal）として用いるのではなく、参考データとして使用することを計画していたことだった。三菱重工の目的は、この機会に技術者を育成し独自の開発をすることであった。防衛庁の担当レベルの目的も同じだった。ＤｏＤとＧＤはこれを過小評価していた。一九九〇年三月に三菱重工は開発に着手したが、Ｆ‐16の小改修機を開発する試みは何もなかった。米国側が三菱重工の『創造力』を抑えるような合意内容とはなっていなかった。

一九八七年、防衛庁の西廣整輝事務次官がアーミテージ国防次官補にワシントンで会談した時、西廣事務次官はＦＳ‐ＸをＦ‐15改造とＧＤのＳＸ‐３に絞ったことを伝え、さらにＳＸ‐３は大変よいが防衛庁の要求に合わないところがある、しかしそれには『技術的解決』があり、的確な技術の盛り込みによってＳＸ‐３は強力な候補になりうると論じた。

防衛庁は、この技術的な可能性について米企業に説明を求め、一〇月一二日に東京でＧＤとマクダネル・ダグラス社から説明を聞いた上で、一〇月二三日、ＦＳ‐ＸはＦ‐16改造のＳＸ‐３を改造母機として日米で共同開発することを最終に決定した。中曽根総理大臣と閣議は同日これを承認した。

Ｆ‐15改造ではなくＳＸ‐３が選ばれた理由については正式な説明がなかった」

F-16は米空軍の軽量戦闘機（LWF）計画に基づき開発され、4500機以上が生産され、26か国で採用されている多用途戦闘機のベストセラー。試作機YF-16は1974年に初飛行、量産型は1978年に完成、翌年から制空戦闘型のF-16Aが米空軍に部隊配備された。写真のF-16Cブロック40は攻撃力、全天候夜間行動能力などが向上している。

のちに設計チームがＦ‐16ブロック40のデータに基づいてＳＸ‐３の性能をチェックすると、フラッタ（主翼の曲げねじり振動）など、いろいろ無理があると考えられた。さらに改造母機として私たちに必要な図面やその根拠資料および飛行実績が不足していたので、改造母機の根拠はＳＸ‐３ではなく、運用実績のあるＦ‐16ブロック40のデータを根拠にして改造開発を進めることとした。

日米交渉は継続され、米国がＦ‐16の技術をどこまで供与するかが協議されたが、昭和六三（一九八八）年一一月に日米両政府は共同開発の了解覚書（ＭＯＵ：Memorandum of Understanding）に合意し調印した。

ところが米国議会が、日本は乗用車、半導体に続いて航空宇宙の分野で覇権を握る恐れがあるとして、日本に改造母機となるF‐16の技術を供与することに反対した。そのため日米協議は最終合意に至らず、次期支援戦闘機開発計画の正式着手は遅れることとなった。

しかし、防衛庁と三菱重工は平成元（一九八九）年三月に基本設計委託契約を結び、同年九月には米国企業の参加がないまま三菱重工、川崎重工、富士重工の技術者が名航で「FS‐X設計準備チーム」を結成し、三菱重工七二人、川崎重工一一人、富士重工一一人の計九四人がチームに集まった。

## （2）技術に関する日本の考えについて米国の見方

米国議会はなぜ日本にF‐16の技術を供与することに反対したのか。

その理由は、日本はライセンスで得た戦闘機の技術を民間機に適用して、米国の航空機メーカーより優れた旅客機を作り、世界中に輸出して米国の覇権を浸食するのではないかと考えているのだという説があった。

そのあたりの事情を書いたMIT（マサチュセッツ工科大学）の一九九二（平成四）年に発表された報告があるので、次に概要を紹介する。タイトルは『飛行せずに成功する方法：日本の航空機産業と技術に関する基本的な考え方（How to Succeed Without Really Flying : The Japanese Aircraft Industry and Japan's Technology Ideology）』である。

「一、日本では米国とは対照的に、軍事技術と民需技術をほとんど区別していない。むしろ日本は次の三つの方針に重点を置いている。

①軍事、民需にかかわらず海外の設計、開発および製造能力を入手し、国内技術化する。

②これらの能力を経済界全体に極力広く拡散させる。

③このような軍事、民需技術を吸収し、独自の国内開発を創造できる主契約者や従契約者を育成し、支援する。

一、今日、日本の契約者は実態として防衛製品と民需製品とを隔離している米国の主契約者とは異なり、最終組み立て以外、軍需製品と民需製品との区別をしていない。主契約者においても、サプライヤ・レベルにおいても、部品や子組み立てが同じ技術者によって設計され、また設備の購入時に目的としたプロジェクトが何であれ、あるいは購入時に補助金を出した所轄の大臣が誰であれ、その設備を使って製造し、試験を行なっている。

一、日本の製造会社は、外国のパートナーから収集した知識を、ボーイング、マクダネル・ダグラス、ジェネラル・ダイナミクス、ロッキード、エアバスなどいろいろな軍需、民需製造会社との事業に自由に適用する。プラット・アンド・ホイットニー、ジェネラル・エレクトリックのようなエンジンメーカーとの契約についても同様である。

一、以上、航空機について述べたように、日本人は先進技術が直接的な適用以上に戦略的な価値があることを確信している。この信念に従って、企業はいかにして国民の生活水準一般に対して寄与するかを考えている。

これは民需分野と同様、軍需の分野にもいえることで、したがって、日本のメーカー選定は、軍事的即応力を高めるよりは、国内の仕組みや能力をできるだけ育成することを配慮して行なわれてきた」

右の報告内容には、私は納得できない。戦後、日本がライセンス生産したF‐86にはじまる戦闘機などの使用技術は、その機種だけに適用が許され、他機種への適用は禁止と米国は考えたように思われる。だが、私たちは新型航空機の使用技術は、通常九五パーセントは在来技術で、新技術は五パーセントにすぎないと考えており、在来技術は民間機も共通と考えている。

## FS‐X設計準備チーム

### (1) 有意義だったGDでの技術トレーニング

突然F‐16を改造母機としてFS‐Xを開発しろと言われても、図面や計算書だけでは設計根拠もわからずにできるわけがないという意見が通って三菱重工、川崎重工、富士重工の技術者はテキサス州フォートワースにあるGDの工場でF‐16の機体を見せてもらい、機体の空力特性、構造、装備、電気・電子装備などについて専門家の技術トレーニングを受けることが決まった。

まだ日米交渉が妥結したわけではなかったので、GDは技術者をチームに参加させなかった。さらに自社の技術者抜きでFS-Xの設計が進むことを嫌ったGDは、技術トレーニング終了後、日本人技術者は名航の設計準備チームではなく自社に戻ることとし、本格的設計チームの発足まで設計作業を始めないことを前提に技術トレーニングの受け入れを認めた。

GD技術者の技術説明は英語だけで通訳なしだったが、説明図が多く、専門用語はおおむね英語なので理解でき、この技術トレーニングは有意義であった。

技術説明には必ず米空軍の技術幹部が一人同席していた。この技術幹部は大学の修士課程を東京大学の航空宇宙コースで学んだとのことで日本語も上手、演歌も得意で、私たち受講生の仲間のようであった。

帰国して川崎重工、富士重工の者たちは自社に戻り、開発の正式着手までの待機に入った。三菱重工の人たちは設計準備チームに戻ったが、F-16の技術資料は技術トレーニングでもらったものしかなく、その他の文献調査くらいでは仕事として物足りないようだった。

しかし、チームを解散してしまうと、各部課に戻った人はすぐ民間機の作業に振り向けられる可能性があり、日米協議がまとまればすぐに正式設計チームの活動が始まるため、再結集が困難になることが心配だった。そこで、若い技術者には不満があったようだが、各課に戻ることは避けて、F-16関係の文献調査のほか、開発試験の計画などを続けた。

## (2) F‐16技術資料の対日移転調整

航空自衛隊の使用航空機はずっと米軍機のライセンス生産で賄ってきたので、そのライセンス生産に必要な技術資料にどんなものがあるか、日本側は心得ていた。

改造母機の設計データをもらわないとF‐16の技術に基づいた改造開発ができないと考え、F‐4やF‐15のライセンス生産の時に入手した資料のリストを参考に要求資料のリスト(Technical Data Package)を作り、それを持って各担当者がフォートワースに赴き、GDの担当技術者との調整に入った。

調整に際してはリストを詳しく説明して、それに該当する資料の有無を調べてもらった。かなりの資料はあることがわかったが、それを米空軍のF‐16担当技術者に移転の可否を見てもらった。これは一回の調整では済まず、何回か調整会を開き、比較的早期に移転されるものと、米国にとって都合の悪い部分を修正してから移転するものとがあった。

この修正はサニタイズ(浄化)というが、要は日本に開示したくない部分を消して、消した跡も残さないという意味であった。

私としては、米国が開示したくない資料は要らない。ただ、開示できないのはどこかをなるべく早く教えてもらいたかった。開示したくない資料に相当する技術資料は自分たちで試験して求めるから、試験に要する費用と時間を確保するために早めに情報をもらいたいと伝えた。

やがて半年もすると、F‐16の技術資料が入り始めた。届いた資料をそれぞれ担当者がチェックすると必要なデータが揃っていないもの、ちぐはぐなものが見られ、まとめて要請することにした。たとえば空力データで日本に移転することになったF-16ブロック40の技術資料としてF-16原型機との差に関するデータだけ移転されたが、原型機のデータがないので役に立たなかった。

GDとの交渉は難航し深夜に及ぶこともしばしばであった。節目の合意に達しリラックスする三菱とGDの交渉担当者たち。右端が三菱側交渉チームのリーダーである神田國一氏。

必要な未入手資料ごとに題名と必要理由を書いたリスト（Request for Critical Missing Data）を作成し、私と営業担当者がオハイオ州デイトンに赴き、米空軍基地の前のホテルの会議室で米空軍のF-16プロジェクトの数人の幹部に資料の必要性を説明した。その結果、私が欠けていると指摘した資料をGDと調整して日本に送ることを約束させた。

### (3) 英会話トレーニング

FS-Xは国内開発するつもりだったので、設計チーム・メンバーとしては航空機開発設計の経験者を予定し、民間合同研究会や設計準備チームの発足時にも、その者たちを集めていた。F-4やF-15のようなライセンス生産機を担当していた技術者の中には英語に堪能な者もいたが、FS‐Xには国内開発機で設計経験のある技術者を重視していた。

いよいよ開発が実現する時になって、突然、日米共同開発で、しかも世界でトップレベルの戦闘機F‐16、F‐22などを開発、生産している戦闘機メーカーの技術者をリードしろと言われ、みな大変驚いたが、頑張って英会話能力の向上に努めた。

その方法はいくつかあって、

①勤務終了後、街の英会話教室に週何回か参加――これは英語の読み書きに自信のない人向け。

②ヒヤリング・マラソンで年間千時間英語を聴取――これは読み書きの自信はあるが相手の話すことが十分には聞き取れない人向け。

③毎日十分でも英語放送などを聞き、片っ端から発声――これは聞き取りや話すことはできるが、発音や抑揚を英米人のように話せるようになりたい人向け。

それぞれ自分に適すると考えた方法で努力した。ただし、相手が「基本英単語五百、二重否定なし、短文をゆっくり」で話してくれるとわかりやすいが、日本人と話したことのない外国人は、彼らどうしで話すスピードで私たちにも話すので聞き取れないことが多い。この点、初めて日本人と話す外国人にはもっと実情を理解し、協力して欲しかった。

私は②ヒヤリング・マラソンに参加したが、年間千時間、すなわち毎日三時間、英語を聞くのは大変だった。会社への通勤の車中、往復で一時間、昼食時一時間、早朝から深夜まで会社にいると、残り一時間は週末にまとめて聞くしかなく、自宅で家族と話す時間もなくなってしまった。

そこで『ファミリー・タイズ』など英語のコメディ・ビデオを借りてきて子供と一緒に視聴したりした。一度、その中で聞き取れない単語があり、私が「何て言ったのかな」と言ったところ、子供に「ゲームの名前だよ」と教えられてびっくりしたことがあった。

名古屋に派遣されて来たGDの人たちは、来日前に会社で「サバイバル日本語」の教育を受けたとのことだったが、日本人の英会話トレーニングのほうが効果があったようで、彼らとの日常会話も英語が使われた。会話ではないが、設計チームでは大勢がそれぞれ和文英訳、英文和訳をする状況なので、専門用語を含め、チーム内常用英語の表現や単語を統一して、誤解をなくすため、チーム内で和英、英和の辞典を作って、かなり頻繁に改定した。

## 日米政府間協議

### (1) 米国上院本会議でようやく承認

日米政府間で続けられていた協議内容は米国にとって、

①ＦＳ‐Ｘのために米国が供与するコンピュータ技術の民間機などへの転用の心配
②ＦＳ‐Ｘ生産時の日米の不公平な作業分担比の心配
③ＦＳ‐Ｘの開発技術成果が米国に移転されない心配

の三項目があり、これに対して米国が満足する回答をしないと改造母機技術の対日供与に必要な承認を議会に求めることができないとされていた。

日本が大幅な譲歩案を回答したので、ジョージ・Ｈ・Ｗ・ブッシュ大統領は一九八九（平成元）年五月一日に議会に了承を求める通告を実施した。議会側はこれに対し不承認決議案を出したが、上院外交委員会で九対八で否決、続いて五月一六日の上院本会議でも五二対四七で否決し、共同開発協定がようやく承認された。

## （２）飛行制御ソフトウェアは対日非開示

ブッシュ大統領が議会に了承を求める前に日本が回答した譲歩案では、Ｆ‐16の飛行制御ソフトウェアは日本に開示しないことを受け入れていた。これに関して、飛行制御ソフトウェアの開発を米国企業に依頼するか、独自開発するか、防衛庁から三菱重工に問い合わせがあった。

本社から設計準備チームに質問が伝達され、私たちは喜んで独自開発する案に飛びついて返事した。そしてＣＣＶ研究機が左右に大きくバンクした時に担当していた技術者をそっくりＦＳ‐Ｘの設計チームに入れて同じ体制の飛行制御室を作ることを防衛庁に約束した。

スウェーデンやイスラエルが新戦闘機を開発した時、飛行制御ソフトウェアの開発を米国のリア・シーグラー社に依頼したところ、開発試験中に飛行制御ソフトウェアを変更する必要が出た時、その改修にかなり長期間を要して、航空機メーカーが困ったことを聞いていたので、私たちはCCV研究機の成果を活かして独自開発するほうがよいと判断した。

後述するが、これは結果から見て非常に賢明な判断であった。飛行試験の途中で、飛行制御則を変更する際に全体スケジュールに何の影響もなく実施することができた。

三菱重工でビジネス機MU‐2の開発リーダーで、超音速高等練習機の設計チーム・リーダーだった池田研爾氏に開発完了の頃、そんな話をしたところ、「俺のところにも同じ質問があって、『独自開発がよい』と答えたよ」とのことであった。

前項の③は、共同開発の成果を米国に供与する場合の武器技術供与の問題であったが、平成二（一九九〇）年二月二日に日本の外務省、通産省、防衛庁の調整がつき、正式に開発に着手する条件がすべて整った。

FS‐X設計チームFSET（Fighter Support Engineering Team）の発足は平成二（一九九〇）年三月三〇日と決まった。

## FS-X日米共同開発に着手

FS-X日米共同開発着手にあたり、NHKスペシャル『FS-X』が放映され、三菱重工の山田副社長がその中のインタビューでおおむね次のような話をされた。

### (1) FS-X共同開発の意義

新しい航空機を開発するためには膨大な費用と人員と時間が必要である。このため民間機の分野ではリスク分散、重複投資の回避、開発期間の短縮を図るべく従来より共同開発が種々行なわれており、我々もボーイング767やプラット・アンド・ホイットニーV2500エンジンなどにおいてすでに国際共同開発を経験している。

今回のFS-Xプロジェクトは、米国における世界のベストセラー機であるF-16をベースとして、日本と米国の優秀な技術を出し合って開発するものであり、我々にとっては、各種要素研究および戦闘機ならびに練習機などの国内開発を通じてこれまで培ってきた日本の先端技術を実現させるまたとない機会であるとともに、米国との技術交流を通じて相互に得意な分野を学び合うための場を提供するものと考えている。

戦闘機における日米共同開発は今回が初めてであるが、日米両国の資源の有効活用という観点のみ

昭和62（1987）年、次期支援戦闘機（FS-X）はF-16を改造することが決定され、開発・設計に着手した当時に公表されたFS-Xの完成予想図。当初採用を予定していた垂直カナードが胴体下にあるスタイルで描かれている。

ならず、日米同盟関係の緊密化という観点からも、この種の共同プロジェクトはこれから増えていくと思われる。したがって、このFS-Xプロジェクトは今後の同種日米共同プロジェクトの成否を占う試金石になると考えている。

昨今の日米関係においては、貿易摩擦に端を発した技術摩擦にからむトピックスが取り沙汰され、非常に残念に思っているところであるが、防衛面のみならず、技術面においても日本と米国は、従来からよきパートナーとしてその関係を保ってきたわけであり、今後も両国のためにこの関係を維持して行かなければならない。そういう観点から、このFS-Xの開発は、またとない絶好のチャンスを与えられたと思っており、新しい日米技術交流の場として、より一層の日米同盟関係の緊密化につながっていくことを期待している。

### (2) 日米交渉経過を振り返って

これまでの弊社とGDとの交渉の中で最大の論点は主翼の分担であった。当初、GD側は『日本の複合材一体成形技術を習得すること、そして習得するためには自らの手で分担製作が必要である』ことに強く固執し、我が方の『技術を持っているところが担当することにより、技術リスク、スケジュールなどの各面から効率的に開発を遂行することが可能。GDの勉強のためにこのプロジェクトがあるわけではない』との意見の相違もあり、調整は数か月に及んだ。

しかしながら、双方の粘り強い交渉努力の結果、GD側も三菱重工の考え方に理解を示すとともに、我が方においても米国の優れた設計ノウハウ、システム・インテグレーション技術などと日本の技術との融合により、この一体成形主翼の開発をより確実に進めることが可能との心証を得たことから、話し合いも進展、日米のそれぞれが得意とする分野を出し合い、世界に冠たる複合材一体成形主翼を作ることで両者合意したのである。

### (3) 共同開発に対する今後の取り組み

日米産業協力に基づく共同プロジェクトを成功に導くためには、大きく次の三つの要素があると思われる。

①技術力

日米双方がそれぞれ得意とする分野の技術を出し合って、うまく調和させなければならない。幅の広さ、深さからいって世界一の米国の航空機技術力と、日本において各種要素研究および戦闘機ならびに練習機などの国内開発を通じて取得した、先進技術などをうまく調和していけば、素晴らしい成果が得られるものと思われる。

②コミュニケーション

単に技術交流にとどまらず、相互の開発体制の違い、物の考え方の違い、あるいはそれぞれの文化的背景の違いから生ずる不要な摩擦を避け、互いの認識不足に基づくギャップを埋めるためにも、不断の円滑なコミュニケーションが必要。

③マネジメント

これはスケジュール、コスト、品質、人員などといった開発計画を支配する要素をいかに管理していくかということである。これについては、数多くの共同開発を経験され、豊富な知恵を有している米側メーカーからいろいろと教えられることが多いと思われるが、我々も民間機部門での共同開発から得られた経験があり、そのあたりの知恵を活用していきたいと考えている。

# 第4章　ＦＳ‐Ｘの基本設計

## 設計チームの発足

設計チーム「ＦＳＥＴ」（Fighter Support Engineering Team）は、平成二（一九九〇）年三月三〇日に発足した。この時の人員構成はＧＤ一〇人、三菱重工七二人、川崎重工一一人、富士重工一一人の計一〇四人。その後、計画図を描いた頃に人員数はいちばん多く、合計約三三〇人に達した。

体制は、チーム・リーダーと各社代表の四人のサブ・リーダーの下に六つの室を置いた。全般計画室、空力設計室、飛行制御設計室、構造設計室、装備設計室、アビオ（航空機搭載用電子機器）設計室で、それぞれに室長を置き、その下は、各室の事情に応じて合計二〇の班に分けた。この四人のサ

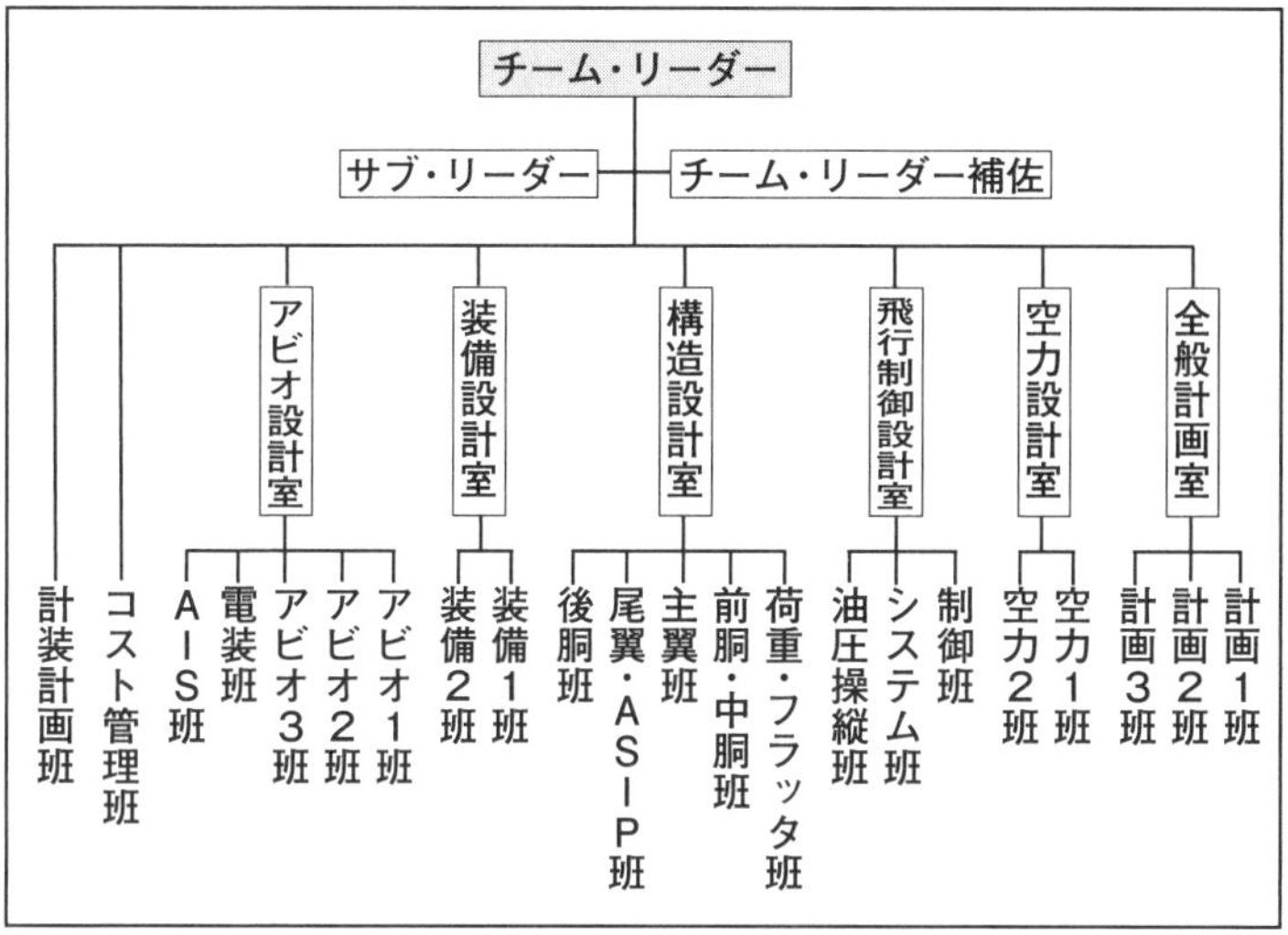


次期支援戦闘機（FS-X）設計チームの組織（1992年6月）

装備設計室のメンバー。中央にチーム・リーダーの神田國一氏。

ブ・リーダーと六人の室長は皆、非常に優れた立派な技術者で、FS-Xの開発に多大な貢献をしていただき、チーム・リーダーとしても三菱重工としても大変感謝している。

日本の航空機メーカーは、防衛庁の航空機を開発する場合は、防衛庁から主契約者の指名を受けた会社に開発着手時から技術者を派遣して設計チームで基本設計を実施することに慣れていたので、問題なかった。ただし、川崎重工、富士重工の派遣者用に用意された住居は、三菱重工の単身者寮か六畳一間の古い出張者用の寮で、申し訳なかったが、我慢してもらった。

GDは設計技術者を競合他社に派遣するのは初めてで、しかも言葉もわからない日本で家族ともに二、三年暮らし、日本人のリーダーの下で戦闘機の基本設計をすることに躊躇する人が多く、派遣する人選が進んでいなかったようで、とりあえず会社が指名した中堅以上の第一次派遣者一〇人が発足式に参加した。この中には単身赴任者も何人かいた。

その後、各社の派遣人員は急速に増え、おおむね三菱重工五〇パーセント、GD二五パーセント、川崎重工と富士重工が各一二、三パーセントずつの割合が定常的に続いた。

## (1) GD技術者の一人一芸

各社の設計技術者の設計チームへの派遣人数は、基本設計を行なうのに必要な人数を申請してもらい、全般計画室が業務部などと調整して決めた。しかし、GDからの派遣者は日本の各社と比べて多くなっていた。

GD設計チームの取りまとめ担当者に聞くと、仕事がかなり細分化していて、たとえば構造設計では、強度計算担当と製図担当のほかに重量計算担当者がいた。日本の各社では例を見ないが、GDは米国の自社でそのような区分で仕事をしているそうで、私たちの設計チームでもGDに限って重量計算担当者を認めることにした。

GD流のやり方のよい点は、技術者がその担当分野でベテランになる可能性があることである。たとえば図面作成ソフトウェアとしては二次元図面のキャダム（CADAM）は日本側もみな慣れていたが、三次元図面のキャティア（CATIA）は日本側では慣れていない人が多く、「キャティア名人」と呼ばれたGDの技術者に日本人技術者は時々教えてもらったりしていた。

この項の見出しを「一人一芸」としたのは、実はGDだけでなく、日本の各社でも担当業務という意味では同様だった。だが日本では厳しく一芸にこだわってはおらず、できるだけ担当範囲を拡げようと考えていた。GDは「芸」の幅が狭く、いろいろな種類の芸があって、しかも隣との境界を守る姿勢が強いように思われた。

変わったところでは、製図技術者ではあったが、ボール紙細工の上手なGD技術者がいて、基本計画の段階でGD担当の後部胴体の一〇分の一模型をきれいに作った。図面をよく読めない人には好都合ということだった。

日本では木材で作るモックアップ（実大木型模型）を、GDではF-16原型機の開発の時に経費削減のためボール紙で作ったという話を聞いたことがあったが、その技術をここで披露されようとは思っていなかった。これも貴重な技術だが、今やコンピュータで干渉チェックもできるので今後も必要な技術とは思えない。

## （2）名古屋で暮らすGD技術者家族

四月上旬のある日、GD技術者と雑談している時に、床屋はどんなところにあり、どんなマークで床屋と見分けられるのか、あるいは米国風のスパイスやサラダ・ドレッシングを売っている店を教えてほしいと言われ、週末に私の小型車に大男四人を乗せて住宅街を案内して回ったことがあった。

GD技術者の中にはチーム発足前から名古屋に来た経験のある人もいたが、長期滞在になると知らないことが当然ながら多かった。

名古屋に派遣されたGDの人数は、新瑞橋《あらたまばし》の事務所も入れるとピーク時には八〇人以上になった。ほとんど全員が家族連れで名古屋での生活を始めた。名古屋はこの二、三年前に「世界デザイン博覧会」が開かれ、市街は道路もきれいになり、道路標識などの案内板に英語も入ったりして外国人にも恥ずかしくない程度に整備されていた。

おかしかったのは、GDのあるテキサス州フォートワースには地下鉄がないので、「地下鉄に乗るのが怖い」「あの暗いトンネルの中ばかり走っていて、地震があったら地中に生き埋めになってしまうのは嫌だ」という人が少なからずいたことだ。

逆に「地下鉄は便利だ」という人もいた。娘二人だけで地下鉄に乗って栄のデパートに行き、買い物して無事に自宅に戻ってきたという。彼の話では「フォートワースでは親が付き添わずに女の子だけでデパートに行ってくるなんて考えられない。名古屋は非常に安全で交通も便利でいい町だ」と褒めちぎっていた。

### (3) 設計チームの発足式

設計チーム・リーダーには、あらかじめ私が任命されていたので、発足式では、三菱重工名航の所長、防衛庁技本FS-X室長の挨拶に続いて、次のような挨拶をした。

「次期支援戦闘機設計チームの目的は言うまでもなく日本の要求を満足するFS-Xを、F-16を改造母機として開発することにある。

FS-X計画は単なる航空宇宙分野の事業ではなく、日米両国政府間の初めての共同開発計画のモデルであって、すでに全世界の注目を集めている。したがって、私たちは両国の政府および企業が誇るに足る立派なFS-Xを予定どおりに成功裏に実現しなければならない。

防衛庁との設計委託契約の中で、開発の基本方針は次の四項目に設定されている。

(1) F-16(ブロック40)をベースに基本要求を満たすべくあらゆる努力を傾注して、FS-Xの改造、開発に取り組む。

(2) 作業にあたっては改造開発であることを念頭に置き、特にトータル・ウェポン・システムとしてバランスのとれた機体とする。

(3) 日米の優れた技術を適用して開発を進める。なお適用技術の検討にあたっては、適用効果とリスク、経費およびスケジュールとの吻合《ふんごう》に留意する。

(4) 我が国初の日米共同開発であることを十分考慮し、内外の関連企業の協力を得て、主契約者会社を中心として総力を結集し得る開発体制を整える」

さらに設計チーム・メンバーに作業実施にあたっての心得として「三つのR」を提唱した。「三つのR」とは、

① 迅速な報告 (Rapid Report):必要な情報を時機を失せず知らせるよう意思の疎通を図る。特に問題点は迅速に報告する。

② 重要課題は優先解決 (Risk Attack):重要な問題点から先に解決する。

③ 合理的設計 (Rational Design):何事も合理的に設計する。特にF-16の設計をそのまま残す場合は(FS-Xとして)合理的に判断した上で決める。

この「三つのR」は、FS-Xの開発だけに当てはまるわけではなく、どんな機種の場合でも同じことだと考えている。それから一五年後、設計チームに参加していた当時若手の川崎重工の技術者から「『三つのR』はどんな仕事にも必要なことと考え、その後もずっと忘れずに実践しています」と言われたのはうれしかった。

## (4) 技術審査会

防衛庁からの委託開発作業は約六年続くことを予定していた。契約は毎年、四年間で実施することを決めて四年国債の契約となっていて、その契約ごとに計画審査、中間審査、最終審査など三、四回の技術審査が行なわれた。

二年目以後は、契約が重なる上、モックアップ審査など、特別の審査もあったので毎年四、五回の審査会が開かれた。そのつど官民合わせて出席者が百人以上にもなったため、審査会用資料の作成、その資料の名古屋から東京までの搬送も大変で、チャーターしたトラックで輸送したほどであった。

審査会の資料は和英併記、あるいは英文で、説明は日本語で行ない、後述するがGDと米軍人にはイヤホンを渡して、同時通訳を行なった。ただし、分科会になると、同時通訳のできる人が限られていたので、日本語で話し合い、ホワイト・ボードに英語を書いて補うなどの方法をとった。

この審査会は大変であったが、開発の成果、その裏付け資料などは、官民でそれぞれ完備され、今後の運用中に設計根拠を知りたい時にはいつでも引き出すことができる。

## (5) GD技術者の口封じ

F‐16の技術の一部は日本に開示しないことは皆が承知していたが、F‐16をよく知っていたGDの技術者は、何をどこまで開示してよく、何を開示してはいけないのか明確には知らなかったようで、防衛庁で開かれた最初の審査会後にひと騒動があった。

その審査会で、何の説明だったか覚えていないが、会社側の説明後、防衛庁側から質問があった。日本の会社側が十分承知していないことについての質問で、答えられないで、もたもたしているとGDの技術者が立ち上がって、「F－16ではこうなっていて……」とわかりやすい説明をして、その場は問題なく済んだ。

審査会後、名古屋に戻った翌日、いつものように設計チームで仕事をしていると、「打ち合せがあるので新瑞橋の事務所に集まるように連絡があった」と断って、GDの技術者は全員、設計室から出て行った。

新瑞橋は毎年の国際女子マラソンやサッカーのJリーグで知られた名古屋の瑞穂グランド近くで、そこに設けたGDの事務所には総務、経理、労務関係の事務職員が数人在籍していた。

GDの技術者が設計室に戻ってきたのは夕方だったが、防衛庁技本のFS－X開発室に米空軍から派遣された少佐が事務所に来て話をしたとのことだった。話をよく聞いてみると、前日の審査会で防衛庁の質問に回答したGD技術者の発言の中に日本に非開示のものが含まれていたという。そこで、あらためて日本側に開示してよいことと禁じられていることを細かく説明されたとのことであった。

具体的に何が非開示のものだったかについては教えてくれなかったが、翌日から、GD技術者の態度がすっかり消極的になり、日本に協力して立派なFS－Xを開発しようと意気込んでいたのが、まるで「青菜に塩」のようにしおれてしまった。

結局、GD技術者はGDの分担部位の設計はしっかりするが、日本の分担部位については間違っていることに気がついても何も言わないことにしたようだった。

その後、GDは設計チームにおけるサブコントラクターの枠をしっかり守って、主契約者の設計に関して間違いに気づいても何も言わず、GDの分担部の設計にのみ専念した。結果として、残念ながらこの日米開発事業で両国の優れた技術を基に互いに技術者が技術論議を重ね、技術的に優れた結論を出して設計に至ったことはなかった。

このような非開示の範囲に何が含まれているかは、非開示で言えないとのことで、その後もこの種の問題があると何が非開示なのか求めることを繰り返したが、とうとうわからず仕舞いであった。

## 官側TSCと民側ECM

FS‐Xの開発期間を通じて、防衛庁と米空軍の間にはTSC（Technical Steering Committee：技術運営委員会）が毎年米国で一回、日本で一回開かれ、いろいろな問題の処理によく尽力していただいた。

初期にGDからの技術データに欠けているところがあったため、調査して、要追加分を早急に送ってほしいと頼んだ時や、後日、複合材一体成形主翼構造にひび割れが発生した時にも、米軍の技術者を日本に派遣し相談に乗ってもらった。

会社側も三菱重工名航の所長とGDフォートワース事業部の社長との間でECM（Executive Coordination Meeting：重役調整会議）を毎年米国で一回、日本で一回開き、それぞれの作業の進捗状況を確認し合った。この会議ではGD社長と派遣GD技術者との懇談があったようで、GDチームのメンバーにとっても大変有意義だったという。

## 設計チームの公用語は英語

日米政府間協議で設計チームにおける公用語は英語と定められていたので、GDの人を含め各班の関係者など一〇人ほどが集まって開かれた最初の会議は英語で議論することにした。

日本人技術者がおぼつかない英語で話すと、GDの人たちは理解できる単語から類推して、ある程度はわかるようだったが、日本人の聞き手は彼らの英語がほとんどわからず会議にならなかった。すぐに設計チーム内のGD技術者のまとめ役であるB氏に相談して、日本語で議論する許可をもらった。説明やまとめの文章はホワイト・ボードに英語で板書し、議論の最中にGDの人が理解できない場合は、隣に座った日本人に英語で質問し、ポイントを英語で説明してもらうようにした。

会議の最後は、結論と次回までの検討事項を必ずホワイト・ボードに英語で書き、それをコピーして出席者全員が持ち帰ることにした。

当然、このことは社内と防衛庁の関係先にも報告し、皆の理解を得た。その後もこの要領で開発作業を続けた。

また設計チームで作成する資料は、表紙に題名、経緯、結論を英文または和英並記で記した。資料内の図表もすべて英文または和英並記で作成し、GDの技術者が細部まで知りたい場合は、要請により、その資料を後日、全文英訳して渡すこととした。

技本の技術審査会では、三菱重工内の留学経験者など英語に堪能な者が同時通訳してくれてイヤホンで聞いた。これは好評だったが、三菱重工の技術者で留学経験のある人は少なく、設計チーム内の会議では同時通訳できなかった。

国際共同開発では、技術者の能力は技術力と語学力の掛け算になる。つまり技術力が十分あっても英語ができなければ役に立たない。三菱重工の場合、設計チームに入れる人は航空機の設計経験があることを優先して選出したので、皆、英語に苦労したが、手書きで絵や略図を描き、発音しにくい英単語は筆談で、何とか共同開発を乗り切ることができた。

## 三菱流の技術資料の書き方

ＧＤの技術者と一緒に仕事を始めてみると、彼らは仕事を依頼されると、きちんと処理するのは問題なかったが、実施した仕事について最後の答えだけ返ってきて、どういう条件で、どういう計算や検討をしたのか何も提出しようとしなかった。

これではやってもらった仕事が正しく実施されたのかわからないから根拠を出してほしいと要求し、三菱重工流の技術資料の書き方、すなわち最初のページに「経緯」「検討要領」「結論」をわかりやすく書き、次ページ以降に詳細な内容を書くように指示した。

その後、ＧＤの派遣技術者のフォートワースにおける所属部長が私たちの設計チームに視察に来た時に、ＧＤの技術者から「いちいち詳細な検討資料を書くように指示されているが、こんなことを本当にする必要があるのだろうか？」という質問があって、部長は「それは非常によいことなので、従うべきである」と答えたとのことだった。

これは日本に来た技術者だけの問題ではなかった。ＧＤの提案資料の離陸滑走距離の計算根拠がわからなかったので、質問したところ、例によって「これに関する資料はＧＤにはないが、直接技術者から説明はできる」という答えだったので、「フォートワースまで行くから、技術者から口頭でいいから教えてもらいたい」とお願いした。

ＧＤのフォートワースの工場に行くと、技術的なことがわかる技術者が分厚いジャンク・ファイルを抱えて出てきて、私たちの質問にテキパキと答えてくれた。ただＧＤの資料として保管登録した資料はないようなので、なぜジャンク・ファイルの内容を会社の資料として残さないのか訊ねると、ジャンク・ファイルは自分のノウハウなので、この類いの資料はみな自分で持っているとのことだった。

担当者が貴重な経験を得ても、そのやり方ではＧＤに技術が蓄積されないだろうと心配に思った。

## チーム・リーダーとしての役割

基本設計の始まった平成二（一九九〇）年は、電子メールも携帯電話も普及していない時代だった。しかし設計チームを円滑に運営する上で、チーム・リーダーとして、いつでも誰とでも連絡をとれることが必要と考えた。そこでチーム・リーダー室は大部屋の設計室に隣接していたので、つねにドアは開けたままにし、外出する際は電話連絡ができるように行く先を表示板に明記した。来客との会食がある場合でも、出張の時も同様である。

チーム全体の流れ、チーム・リーダーの考えを全員にわかってもらえるよう、毎朝「ＦＳＥＴニュース」を各室に配布した。これはＡ４一枚の上半分に「この先一週間のイベント」、下半分の上半分

（1／4）に「昨日の決定事項」、残りのスペースに「主要未処置事項」を手書きの英語で書いた。これを班長が朝礼で伝達事項を話す時の参考にしてもらった。

さらに班長会議を二週間に一回開き、チーム・リーダーとして開発状況の説明資料を配付した。これもA4一枚で、上半分に短期予定として六〜八週間先までの予定をチャートで表示した。下半分は防衛庁との調整結果、チーム内の機体仕様検討会などの結果などを箇条書きで書いた。もちろんこれも英語で記し、進捗状況やスケジュールの調整をGDの技術者とする際に、予定の名称を共通化して混乱を避けた。

開発開始直後はプロジェクト全体の予定を記したマスタースケジュールができていなかったので、どんな審査会がいつ防衛庁であるかなどの情報が遅れがちだったが、こうした情報伝達が次第にチーム全体の当面の作業状況や問題点を解決するうえで役に立った。

## 準拠スペック

「準拠スペック」とは航空機を設計する時に、翼や舵面にかかる最大の空気力はどのように考えるべきか、その荷重の何倍まで構造は耐えねばならないかなど、考え方の基準を定めたものである。

民間航空機は「国土交通省航空局の耐空性審査要領」を適用し、自衛隊機は軍規格を用いるのが通例で、T‐2／F‐1以前は米軍規格（ミリタリー・スペック）だけで開発した。しかし、T‐2／F‐1開発後に、米軍規格体制が米国防省の改革（取得改革―民間先進技術の採用・経済性の配慮）により根本的に見直され、その結果、多くの米軍規格が改正または廃止になり、現在では、米軍規格から民間の標準開発団体SDO（Standard Development Organization）規格やISO（International Standardization Organization）規格への移行が進んでいる。

すなわち米国では一九六〇年以前から最上位スペックは機種ごとに作り、そこから呼び出される個々のスペックは状況に応じて米軍規格か新スペックを適用する方法をとっていた。

FS‐Xでは改造母機のF‐16がその米国流のスペック体系で開発されていたので、FS‐Xも最上位スペックは私たちの設計チームで作り、防衛庁技本の審査を受けて開発に適用するやり方をとった。複合材構造とデジタル飛行制御システムについては、古い米軍規格のままでは対応できないと考えられていた。

どの規格でも、基本的な考え方は同じなので、具体的な例を「耐空性審査要領」から抜き書きして次に紹介する。

第1章　総　則

1‐1　この基準は、航空機及び装備品の安全性を確保するために必要な強度、構造及び性能についての基準を規定する。

# 第2章　飛　行

## 2・1　一般

2・1・1　航空機の性能及び飛行性（著者注：安定性、操縦性、運動性、突風応答性、乗り心地などのすべての性質）は、飛行試験その他の試験又はこれらの試験に基づく計算によって証明されたものでなければならない。ただし、計算による結果は、直接の試験による結果と同程度に正確なものであるか又はそれよりも安全側にあることが確実なものでなければならない。

2・1・2　2・1・1の証明は、予想される運用状態における重量及び重心位置のすべての可能な組合わせについて行なわなければならない。

## 2・2　性能

2・2・1　一般　航空機の性能は、静穏標準大気状態において、操縦に特別な技術又は過度の注意力を要することなく、2・2の規定に適合するものでなければならない。

2・2・2　離陸

2・2・2・1　航空機は、発動機を離陸出力又は推力の限界内で運転した状態において、安全に離陸できるものでなければならない。

2・2・4　着陸

2・2・4・1　航空機は、臨界発動機が不作動でありかつ進入形態にある状態において進入を誤った場合においても、進入を開始できる点まで飛行を継続できるものでなければならない。

2-3-1　操縦性

2-3-1-1　航空機は予想されるすべての運用状態（地上又は水上における移動を含む）において、円滑、確実、容易かつ迅速な縦並びに横及び方向の操縦性を持つものでなければならない。

2-3-4　失速

2-3-4-1　飛行機又は滑空機は、失速から安全かつ迅速に回復できるものでなければならない。

2-3-5　フラッタ及び振動　航空機のすべての部分は、予想される運用状態において、フラッタ、激しいバフェッティング、その他過度の振動を生じないものでなければならない。

## 第3章　強　度

3-1　一般

3-1-1　航空機の強度は、荷重試験又は計算によって証明されたものでなければならい。ただし、計算による結果は、試験による結果と同程度に正確なものであるか又はそれよりも安全側にあることが確実なものでなければならない。

3-2　飛行荷重

3-2-1　航空機は、次の荷重を制限荷重に至るまで受けた場合において有害な変形を生じてはならず、かつ、その終極荷重に耐えるものでなければならない。

a　運用限界内で許容される運動に対応した運動荷重倍数に基づいて決定し、かつ予想される運用状態において適正であると認められる値の運動荷重

b　予想される運用状態において統計その他の資料により妥当と認められる垂直突風速度、水平

突風速度及び突風速度勾配に基づいて決定された突風荷重

## 第4章　構　造

### 4・1　一般

4・1・1　航空機の構造は、航空機のすべての部分が、予想される運用状態において、有効かつ確実に機能を果たすことを合理的に保証するように設計し、製作したものでなければならない。

4・1・2　4・1・1の保証は、試験若しくは適正な調査研究に基づくものであるか又は経験上妥当であると認められるものでなければならない。

4・1・3　航空機の安全な運用上重要な部分に用いるすべての材料は、国土交通大臣の承認した規格に適合したものでなければならない。

4・1・4　工作法及び組立法は、信頼性のあるものでなければならない。この場合において、接着、溶接、熱処理等の厳密な管理を要する工作過程は、国土交通大臣の承認した方法に従ったものでなければならない。

なお自衛隊機の場合は、国土交通大臣にかわって防衛庁長官の承認を受けることになる。

次に滞空類別が普通N、実用U、曲技A又は輸送Cの飛行機の第二部の第3章強度では、次のとおり規定している。

3・1・1　荷重

3-1-1-1　強度上の要件は、制限荷重及び終極荷重により規定する。制限荷重とは、運用中予想される最大荷重であり、終極荷重とは、制限荷重に安全率を掛けたものである。

3-1-1-2　原則として、この章に規定する飛行荷重、地上荷重及び水上荷重は、その飛行機の質量の内訳を考慮して、慣性力とつり合わせなければならない。荷重の分布は、安全側の近似的状態又はほぼ実際の状態としなければならない。

3-1-2　安全率　安全率は、別に規定する場合を除き、1.5とする。

3-1-3　強度及び変形

3-1-3-1　構造は、制限荷重に対して有害な残留変形を生ずることなく耐えるものでなければならない。構造は制限荷重までのすべての荷重において、その安全な運用を妨げる変形を生ずるものであってはならない。

3-1-3-2　構造は、終極荷重に対し少なくとも3秒間は破壊することなく耐えることができるものでなければならない。

3-1-4-1　構造が3-1-3の強度及び変形の規定に適合することの証明は、最もきびしいすべての荷重条件について行なわなければならない。

このように「準拠スペック」には設計でなすべきことが書かれているので、どんな破壊モードがあるのかわかれば適正な設計ができる。

## 開発作業の流れ

新機種航空機の開発作業は大きな区分で「基本設計」「細部設計」「試作」「社内試験」と防衛庁に納入後の「技術実用試験」に分かれる。

「技術実用試験」の結果、防衛庁の要求事項を満たしていることが確認されれば防衛庁長官が「部隊使用承認」を出して、部隊運用が始まる。

FS‐X開発の最初の仕事「基本設計」では「準拠スペック」の作成と、「基本構想」としてまず防衛庁から提示されたFS‐X開発仕様書の項目ごとに具体的な実現要領を文書で示し、最終的には計画図を作成する。

「準拠スペック」とは民間機でいうと、国土交通省航空局航空機安全課監修の「耐空性審査要領」に相当する。軍用機は前述のとおり、昔は米軍規格（ミリタリー・スペック）を適用したが、技術の進歩が急激で、デジタル飛行制御の場合は何を規定すれば安全を確保できるか検討しているうちにコンピュータの性能がよくなって安全確保のために考えるべき点が変わったりする不都合が生じた。

そこで、適用スペックを代表するスペック（最上位のスペック）は機種ごとに作って、細部は米軍規格が不適切なものは新技術に対応したスペックを作り、そのほかは米軍規格をそのまま用いてまとめ、開発の冒頭にその妥当性を審査するようになった。改造母機のF‐16はそのような体系のスペックを適用していたが、日本では初めてであった。

「基本構想」は、機体の形状、構造、装備システムの構想を説明した文書や三面図とその根拠となる計算書を作る仕事と、空力（空気力学）特性のデータを求める風洞試験や、構造部材に適応する予定の複合材などの強度データを整備する試験などを計画し実施した。

このように三面図や計算書とその裏付けになる試験は、開発の間に通常三〜四サイクル実施していた。FS‐Xの場合は防衛庁の要求を満たすために主翼を大きくしなければならないことが明確だった。主翼の形状寸法は航空機全体の空力特性に影響するので、改造といえども全機の空力特性を見る風洞試験と検討は新規開発と同様に三〜四サイクル必要と考えた。

基本構想の最初は、一般的には、前述の航空機諸元策定プログラムで推定した諸元および今回はGDの改造提案の諸元を参考に主翼面積、主翼平面形状、尾翼面積、胴体長などを設定し、第一次三面図を作成する。

基本設計としては、最終的に構造、装備システムについては、各社が製造する部分の製造図を作るためのデータとなる計画図を作成し、実物大の全機木型模型を作り、飛行制御については簡単な飛行シミュレーション試験を行なった。

外形形状や構造部材の配置はこのような手順で行なわれたが、これと平行して装備品の配置、燃料タンクの容量なども検討し設定され、全機装備配置図が作成された。

ここまでが各社の技術者が参加した設計チームＦＳＥＴの仕事で、この後は各社がそれぞれの会社に戻って製造図を描き、工作部に渡して分担部分を各社で製造した。

各社の分担部位は日米交渉の結果を踏まえて次のように決まっていた。

| | |
|---|---|
| 前胴上部 | 三菱重工 |
| 前胴下部 | 富士重工 |
| 中胴 | 川崎重工 |
| 後胴 | ＧＤ |
| 主翼 | 下面外板と骨格の組立ては三菱重工、上面外板は富士重工、左翼は一部ＧＤ |
| 前縁フラップ | ＧＤ |
| 後縁フラップ | 富士重工 |
| 垂直尾翼 | 富士重工 |
| 方向舵 | 富士重工 |
| 水平尾翼 | 富士重工 |

## ＦＳ‐Ｘの任務

ＦＳ‐Ｘは航空自衛隊のＦ‐１支援戦闘機の後継機であり、敵艦船を海上で阻止および日本の領土に着上陸するのを阻止する任務、ならびに日本の領空を侵犯する敵航空機を排除する任務が想定されていた。

したがって、これらの任務に応じて、対艦ミサイル、対空ミサイル、誘導爆弾などを搭載し、目標に近づくために必要な航続距離または滞空時間を有する戦闘機とすることが必要となる。

このため、多種類のミサイルや爆弾（35ページ参照）は互いに干渉しないように、また飛行中に振動などを発生しないように合理的に搭載する計画とした。

これが改造開発の目的であるが、同時に、いわゆる防衛基盤技術力として国内に戦闘機開発技術力を保持して、必要な時に必要な能力の戦闘機を生産する能力を維持する目的にも合致することは言うまでもない。

## F‐16の特徴

F‐16は、開発当初は「ライト・ウェイト・ファイター（LWF）」と称して、レーダーも搭載せず単価を安くして、脅威攻撃機に対しては運動性能の優れた戦闘機が多数で迎撃することを想定していた。

米空軍のF‐16シリーズ最初のA型は、当初の計画どおり制空戦闘機であったが、その後、多段階能力向上計画（MSIP：Multi-Stage Improvement Program）によってレーダーも搭載して戦闘爆撃機に能力向上され、さらに操縦系統を含め、すべての機器がデジタル化されたのが改造母機F‐16ブロック40であった。

FS‐Xはこの F‐16ブロック40の優れた性能を損なわずに、さらに対艦攻撃能力を追加することが求められていた。しかし性能の優れた航空機の機能性能をさらに向上するために装備品を追加すると性能が低下するのが世の習いなので、どうやって二兎を得るかが私たちの命題となった。

ここでF‐16からの具体的な改造の話に入る前に、F‐16の形状、構造、装備を踏襲したいと考えた点、改善したいと考えた点を述べておく。

外形形状の特徴は三点あり、一つは左図の三面図の中の翼胴結合部の断面A‐Aに描かれた胴体上

## FS-XとF-16の外形形状の比較

| | FS-X | F-16 |
|---|---|---|
| 形　式 | 単発／単座 および 複座 | 単発／単座 および 複座 |
| 概略寸法<br>全幅×全長×全高 | 11m×16m×5m | 9m×15m×5m |
| エンジン | F110／GE-120 | F110／GE100<br>または F100／PW-220 |
| 最大全備重量 | 約22t | 約19t |

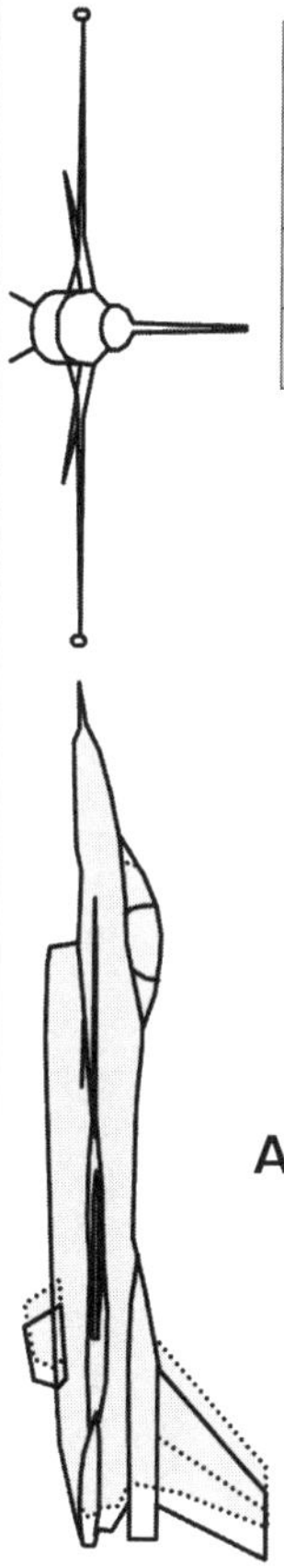

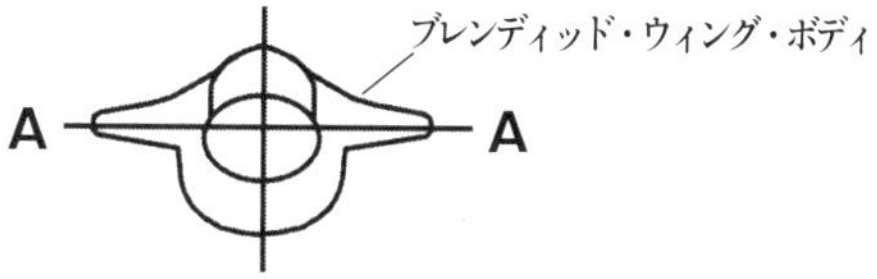


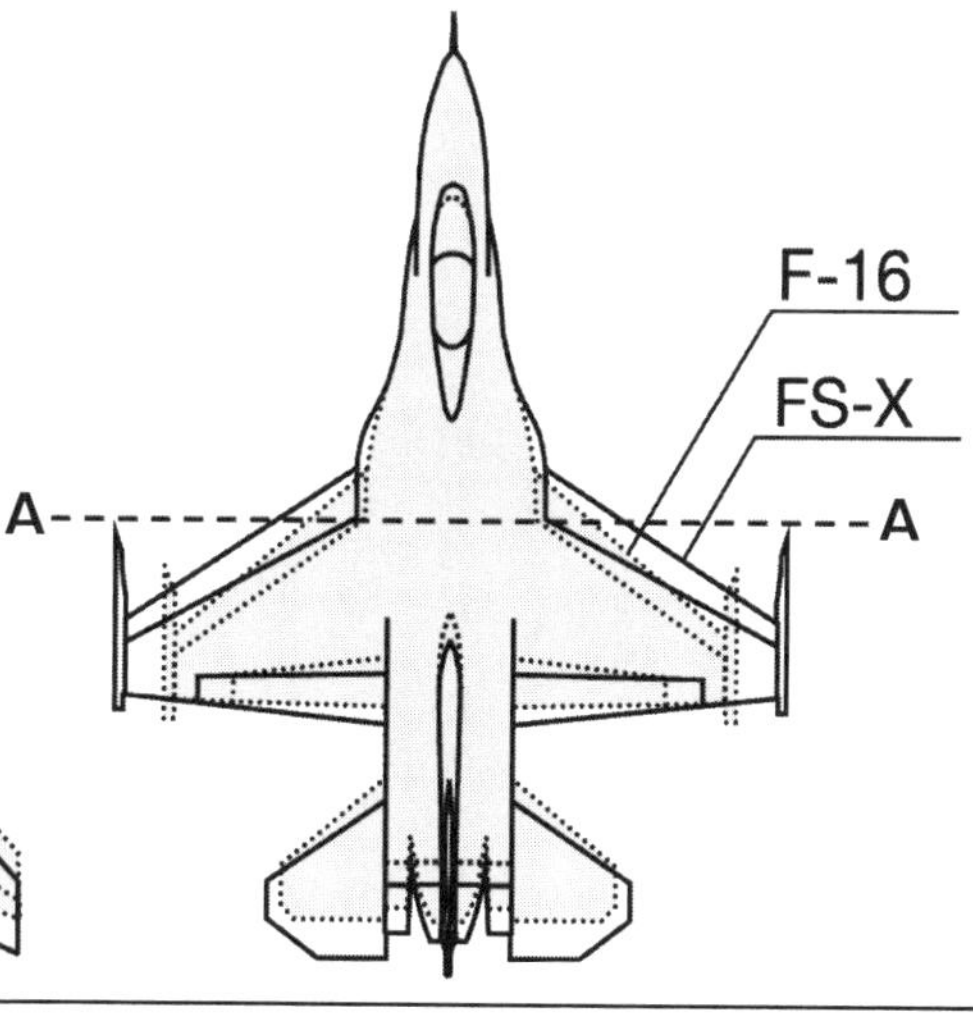


部側面から主翼上面に、なだらかな曲面で流れるように接続する形状（ブレンディッド・ウィング・ボディ）。二つ目は平面図で見て翼胴結合部の主翼前縁延長線が胴体側面に交差する少し前から、なだらかに前方に曲がり、すーっと細く鋭く前に伸びて胴体側面に溶け込む形状

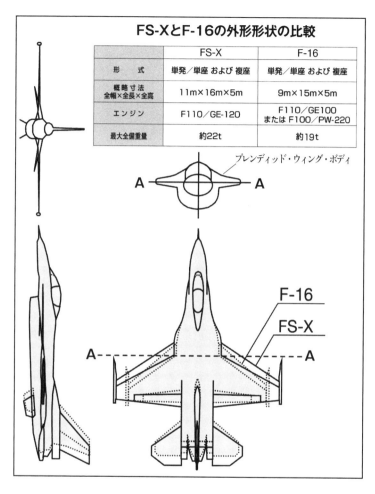

（この部分がストレーク）。三つ目はエンジンの空気取り入れ口が胴下にあること。

この三つの特徴が優れた飛行性能の要因であり、これを踏襲して優れた飛行性能を確保するとともに、新たな形状を採用する場合の風洞試験などの時間と経費を節約するべきだと考えた。

F‐16の構造は、F‐4、F‐15などと同様に、主にアルミ合金と高強度鋼が用いられているが、私たちは要求を満たすために機体を少し大型化することになるので、複合材を使って少しでも軽量化したいと考えた。

構造部材、装備品、配線、配管などが入るF‐16の機体内部は非常に狭い。たとえばストレークは、上面外板と下面外板が最前端でくっついて、指の先も入らないような空間になっているが、ここに電線が押し込まれている。ここまでの徹底した場所取りはF‐15でもF‐1でもやっていないので驚き、感心した。

また整備員が外から開閉する胴体側面外板を切り欠いた点検扉は、その扉の内板面にも装備品が取り付けられている。扉を開いた時にその装備品の着脱やスイッチの操作をちょうど整備員の扱いやすい高さで実施できるので、装備品の取り扱いはよいが、扉の開閉は、装備品につながった配線の束を一緒に持ち上げねばならず、扉がかなり重い感じで、慣れないと開閉しにくい。しかし胴体の断面積を膨らませないためには有効だと考えた。

F‐16のキャノピと風防は大きな一体のもので、鳥衝突の時は前面の風防相当部分が割れて鳥が侵入したレポートがGDの社内誌に載ったこともある。また、パイロットの頭上のキャノピ部分のガラスがナイフの刃先で突き刺しても餅のように延びて変型するだけで割れないので、非常脱出の時スルー・キャノピができない。ここは必要なときには割れないと困る。

コックピットの下にあるエンジンの空気取り入れ口は本来の円形から、胴体の大きい円形が重なる部分を削り落として、しかも、その左右端が勾玉《まがたま》の先のように伸びた形になっている。

F‐16のエンジンはPW（プラット・アンド・ホイットニー）製とGE（ジェネラル・エレクトリック）製のどちらでも搭載できるように凝った形になっているが、幸いFS‐Xのエンジンはどちらか一社のエンジンしか採用しないはずなので、選ばれたエンジンに最適な形状にするべきだと考えた。

コックピット内部は特にF‐16が不適切なのではないが、座席の高さ、座席から計器板までの距離、操縦桿の握り部分の太さなどを日本人パイロットの体格データに合わせて、操作しやすい操縦席にしたいと考えた。

## F‐16からの主要改造

### (1) FS‐Xの存在領域

航空機の飛行性能を表わす指標は数々あるが、代表的な指標は推力重量比（推力T／重量W）と翼面荷重（重量Ｗ／主翼面積Ｓ）である。

ＦＳ-Ｘの場合、推力重量比を縦軸に、翼面荷重を横軸にして、防衛庁の要求を満たす範囲を図示すると上図の存在領域になる。縦軸の値も、横軸の値も重量が小さいほど要求を満たしやすくなるので、この交点の値を実現するように考えた結果、主翼面積ＳはＧＤ提案のＳＸ-３と同じになった。

ＳＸ-３の主翼面積の算定根拠は提案書の説明を聞いていないし、資料ももらっていないのでわからない。Ｆ-16の主翼面積の算定根拠資料をＧＤに求めたが、「そのような資料は社内を探したが見つからなかった。おそらくＦ-16の父ヒラカー氏の頭脳に入ったまま出て来ていないのではないかと思われる」という回答だった。

防衛庁の同じ要求仕様によって両社がそれぞれ白紙から算定した結果が等しいということは、両社とも正しい計算をしたということであろうと思われる。しかし、主翼のアスペクト比（縦横比）や後

FS-Xの存在領域グラフ

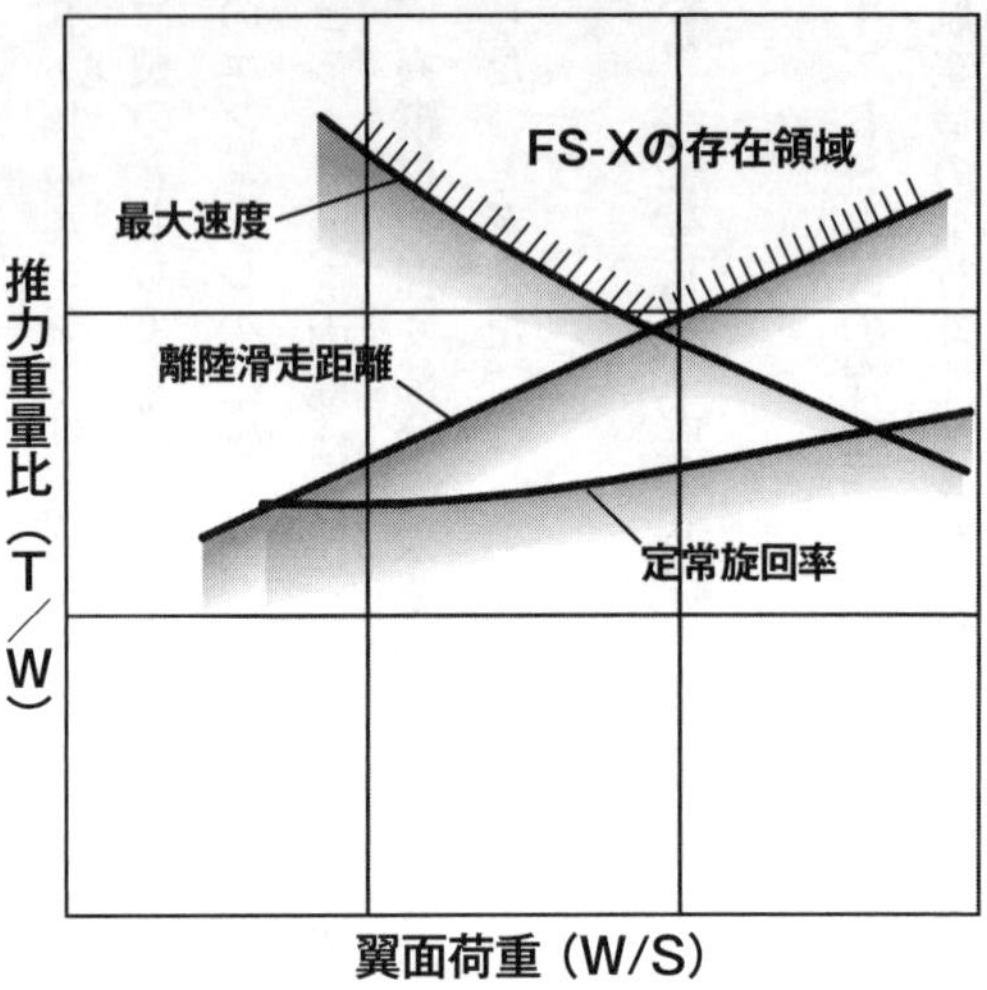

退角はそれぞれ別の要因を考え、異なる諸元、形状になった。

結局、ＦＳ‐Ｘはライセンス・データおよびＧＤの提案書を参考にしたが、そのデータをそのまま使うことなく、私たちの考え、私たちの哲理によって諸元、形状を設定し、防衛庁がこれを認めた設計になった。

参考までに、推力重量比や翼面荷重の持つ意味を説明すると、航空機の最高速度や上昇率の要求が高い場合は推力重量比を大きくする。上向きの推力が重量より大きいと翼がなくても上昇できるが、元来、航空機はそんな大推力を使わなくても経済的に飛ぶことができるように大きな翼を付けているので、大気圏を飛ぶ旅客機の推力重量比は比較的小さく、特に最近の戦闘機よりずっと小さい値になる。

一方、現在の戦闘機は大推力で加速し、垂直上昇もできる性能がないと劣勢を免れない場合があるので、航空自衛隊も運用しているＦ‐15以後の戦闘機は搭載する燃料とミサイルなどの条件がよければ推力は自重より大きくなるものと推定される。

離着陸速度が低く、旋回性能が高い場合は、翼面荷重は小さくする。ふわふわと風に乗って飛んでいる蝶の翼面荷重は小さく、石ころのように慣性と推力の上向き成分で飛ぶミサイルの翼は高揚力を発生するためより、操舵のためにあると考えられる。

プロペラ機時代の旅客機は比較的低速でも揚力が大きくなるように翼面荷重を低く設計していたが、ジェット機時代の現在は推力を大きく、速度を速くしやすいので翼面荷重が大きい。その理由は、離着陸の時、低空の突風、乱気流が多いところを飛ぶので、翼面荷重が小さいとふわふわ飛ぶため、乗客が酔いやすく、嫌われる。そこで突風にも乱気流にも動じず、安定して飛ぶように翼面荷重を大きくしているからである。

現在は大型旅客機でも戦闘機でも同じぐらいの大きい翼面荷重で、速度に応じてそれぞれ必要な上昇、旋回などの性能となるように考えられている。

このように要求を満たす存在領域の中で経済性の優れた航空機とするため、F-16ブロック40から変更した主要な点は次のとおりだ。

(1) 主翼……面積増大、後退角度減少、複合材一体成形構造
(2) 後部胴体延長
(3) 機首形状変更……風防、レドーム、エア・インテークの形状変更
(4) 風防構造……キャノピと二分割、(耐鳥衝突、スルー・キャノピ可能)
(5) 胴体、尾翼構造……複合材料適用、水平尾翼面積増大
(6) エンジン……推力向上型に換装
(7) 飛行制御システム……CCV適用デジタル飛行制御
(8) 先進搭載電子機器……アクティブ・フェーズド・アレイ・レーダー、ミッション・コンピューター、慣性基準装置、統合電子戦システムの換装

(9) 各種の兵装を多彩な組み合わせで搭載……各組み合わせで、航空機の性能、安定性、操縦性、主翼フラッタ特性が異なる。運用する形態はすべて飛行試験で安全性を確認する。

●対空ミサイル：XAAM-3、AIM-9L、AIM-7F、AIM-7M
●対艦ミサイル：XASM-2、ASM-1
●誘導爆弾
●爆弾：500ポンド、340キログラム、CBUクラスター(※)
●ロケット弾：70ミリ、127ミリ
●ドロップタンク：600ガロン、300ガロン

(10) 非常動力装置……ジェット燃料方式
(11) ドラッグ・シュート搭載

これらの変更点のうち防衛庁技本のエンジン選定と、各種の兵装の多彩な組み合わせなど右記の主要な変更点の改造設計の代表的な考え方を以下に説明する。

(※) 編集部注：クラスター(集束)弾即時全面禁止条約にもとづき2015年2月10日、防衛省は保有していたクラスター爆弾をすべて廃棄。

## (2) エンジンの選定

米国では、軍用機エンジンはデュアル・ソース(二重供給源)を原則として、開発時は競争試作させて優れた方を採用し、ほぼ同レベルであれば両方とも採用して機体側もどちらでも搭載できるようにしている。F-16についてもこの方針で、GE製F110-GE-100とPW製F100-PW

F-2のベースとなったF-16(写真はF-16C)。高い空中機動性能と大きな攻撃力を軽量小型の機体に実現した優れた設計は、その後の戦闘機設計に大きな影響を与えてきた。全長15.03m、全幅9.45m、全高5.09m、主翼面積27.87㎡、基本総重量10.8トン、最大全備重量19.2トン。

F-2A(単座型、複座型はF-2B)は外観上、全体のシルエットはF-16とほぼ同じ印象だが、機首のレドーム、キャノピの形状など細部の多くが異なる。F-16Cよりも全長は約50cm長く、空対艦ミサイルを最大4発搭載するため主翼は大型化され、全幅は1.68m、主翼面積は6.97㎡大きくなっている。全長15.52m、全幅12.3m、全高4.96m、主翼面積34.84㎡、基本総重量12.0トン、最大全備重量22.1トン。(航空自衛隊)

－220が搭載可能である。

試作機FS－X搭載用エンジンは、この両エンジンを公称最大推力で約二〇パーセント推力向上したF110－GE－129とF100－PW－229について技本が性能、整備性、経費などを比較した結果、GEのF110が選定された。

このエンジンは非常によいエンジンで、社内飛行試験、官側の技術実用試験を通じて、エンジンのために、飛行試験計画が遅れたことはなく、大変ありがたかった。

三菱重工の技術者はXT－2の開発の時、開発中で運用実績のないロールス・ロイス製アドアーエンジンで多大の苦労を味わったため、信頼性の高いF110エンジンの採用に心から喜んでいた。

### (3) 各種の兵装の多彩な組み合わせ

搭載兵装と搭載位置を35ページの図に示す。ただし、継続中の追認試験の結果、多少の変更はあるものと考えられる。

### (4) 主翼形状の変更と尾翼への影響

FS－Xは、重い対艦ミサイルを搭載し、場合によってはさらに燃料を入れた落下タンクを同時に搭載するので、これらを吊り下げるために翼幅（右主翼端から左主翼端までの距離）をF－16より大きくする必要があった。

また、多数のミサイルなどを搭載した重い状態で離陸して、航続距離を長くとれるように、主翼の前縁後退角が少し浅い形状を想定して、存在領域図から考えて、面積はF‐16より二五パーセント増大した主翼とした。

さらに、水平尾翼、垂直尾翼に生じる空気力が全機の重心点まわりに作るモーメントは主翼の揚力の増減と同じ割合で増減することが望ましいので、風洞試験でよく調べて、尾翼面積を拡大するとともに後部胴体の長さを延長して全機の空力的な特性が変わらないように配慮した。

この時、主翼後縁のフラップ（補助翼）の上下角度を動かす油圧アクチュエータが胴体の中心軸と平行になるように、フラップの回転軸が胴体の中心線に直角になるようにして、アクチュエータまわりに無駄な空間を作らないようにした。

胴体延長部分は後胴が長くなったものと考えて、その設計、試作は後胴担当のGD部位とした。延長以前は、後胴に搭載されるエンジンの前方支持点が中胴に入っていたため、後胴と中胴を結合してからでないと、エンジンの搭載状況を確認できなかったが、延長した後胴の前端がちょうどエンジンの前方支持点の位置になったため、GDがフォートワースで作る後胴が完成次第、エンジン着脱時の胴体構造との干渉チェックが可能となる利点があると考えた。

## （5） 水平尾翼々端の切り欠き

水平尾翼々端の切り欠きには困った。改造母機Ｆ‐16ブロック40には両水平尾翼の翼端後縁が斜めに切り落とされている。

切り落とした理由がどの資料にも書いていないので、Ｆ‐16を開発、製造したＧＤの関係者に訊いてもらったが、「これを説明しているような資料は何もありません」という答えが返って来ただけだった。

そこで若い技術者が航空機の設計では何をどのように考えねばならないかを勉強する教材と考え、入社後二、三年の空力設計技術者に特別課題として検討させた。質問は二つあって、Ｆ‐16はどう考えたのかと、もう一つはＦＳ‐Ｘで同様に考えて切り欠きを設けた場合、水平尾翼の効きは保証されるのかであった。

彼はほかの実機例を調べ、離着陸時にある角度に機首を上げ、ある角度の水平尾翼舵角を想定し、その上バンク（横方向に機体が傾く）角度を考えると地面に近い場合にＦ‐16の水平尾翼翼端後縁の切り欠き部分がなければ、尾翼が地面に干渉すると推定し、この考え方でＦＳ‐Ｘの切り欠き部の寸法を設定した。

しかし、この設定方法では切り欠き部分が大きくなり過ぎたので、機体を後ろから見た時、水平尾翼の下反角（舵角が0の時、水平尾翼の翼端が水平より下がる角度）をＦ‐16では9度のところを8

度にすることとし、風洞試験でこの条件で、水平尾翼の効きを確認した。彼が航空機の新規設計の考え方について少しは学んだものと確信した。このような機会を若い技術者に極力与えていきたいと考えていた。

## (6) フライ・バイ・ワイヤの独自開発

フライ・バイ・ワイヤとはコンピュータを中心に関連の電子機器を結合した飛行制御システムを意味する。蛇足だが、ライト兄弟の飛行機もフライ・バイ・ワイヤだ?という話がある。ただし、私たちのワイヤは電気信号を伝える銅線のワイヤだが、ライト兄弟のワイヤは動力を伝えるスチールのワイヤだった。

スチール・ワイヤは、F-16より古い航空機はみな同じだが、パイロットが操縦桿を押し引きすると、ワイヤ・ケーブルで舵面に接続した油圧アクチュエータのレバーが押し引きされて舵面が動く仕組みになっていた。ワイヤ・ケーブルは経路が折れ曲がると抵抗が大きくなって舵が重くなる。そこで、なるべく構造や装備品との干渉を避けて機体内配策《はいさく》は曲げないように配慮したため、胴体の断面積が大きくなることもあった。

私たちの電気信号を伝える銅線のワイヤは曲がっていても問題ないし、隔壁を貫く穴は電線が通るだけの小さな穴でいいので、構造、装備の配置は非常に楽だった。ただし、電磁波や雷の稲妻の影響を受けて伝達信号が乱れることが心配されたので、ＦＳ‐Ｘでは操縦系統の配線は、全長にわたってシールド・ワイヤにしてある。

そのほか、いま私たちが使っているパソコンは突然、システムが停止したり、おかしな挙動をすることがあり、それでも一度、電源を落として再起動すると復帰するのが普通であろう。

しかし飛行中の航空機は飛行制御コンピュータをいったん電源を落として再起動というわけにはいかない。そこでコンピュータ、センサー、配線などを多重にして、多重のデータのうち正しい計算をしているシステムの計算値を選んで操縦系統に使う方法を採っている。

ＣＣＶ研究機では、このような計算を三台のコンピュータで計算し、互いに少し相違がある場合は、最も正しい計算をしているコンピュータを自動的に選んで、安全に飛ぶことができるデジタル飛行制御システムになっていた。

したがって米国が飛行制御のソフトウェアを開示しないと決めた時も、何も心配しなかった。米国の上下院議員は、私たちがこのような技術はすでに持っていることを知らなかったのか、Ｆ‐16の飛行制御ソフトウェアを日本に開示しなければ、日本はフライ・バイ・ワイヤの民間機を開発できないと考えたようだった。

ＦＳ‐Ｘの飛行制御システムの開発にあたっては、舵面の効きなど空力特性も、油圧アクチュエータなど操縦システムを構成する機器の応答性や作動範囲なども、ＣＣＶ研究機とは違うので、機能の確認をするフライト・シミュレーション試験を設計、試作の状況に応じて設備を改造しながら、各段階で繰り返し実施した。

①最初の設計段階では、構想設計で設定した機体形状と飛行制御則に関する飛行特性（操縦性と安定性など）のデータを得る基礎シミュレーション試験

②基本設計で設定し、モックアップを作った機体仕様とこれに伴う飛行制御則の妥当性を調べる基本シミュレーション試験

③基本設計で設定した飛行制御コンピュータ、油圧機器などのソフトウェア／ハードウェアの、

●模擬品（リグ品）で構成した系統機能基本試験（パイロット・シミュレーションを含む）

●実機搭載品を用いた系統機能確認試験（パイロット・シミュレーションを含む）

●初飛行前に実施したパイロット慣熟シミュレーション

●飛行試験開始後は空力特性データを修正し、飛行制御システムを最適化

これらの当初から計画した試験のほか、飛行試験で飛行制御の変更を要することが発生すると変更後の確認シミュレーション試験を行ない、変更により周辺の各システムに悪い影響がないことを確認した。

フライト・シミュレーションといってもいろいろ区分があることを右記の各項目から読みとれると

思うが、簡単にいうと、開発作業の進捗に応じて構造、装備品などの仕様が固まった段階、実機用部品／装備品ができた段階で、試験装置の特性を実機仕様に近づけて、最終的には実機の特性を持つ試験装置で飛行特性などを確認できるシミュレーションを行なうことができた。

この装置は今も活きていて、飛行制御ソフトを少しでも変更すると飛行安全の確認に使われている。

## （7）カナードの要否を判断

カナードとは、従来の航空機では胴体の最後部に付いている水平尾翼を胴体の前部に取り付けたような舵面で、大きさは水平尾翼と同じくらいの小翼である。

FS‐Xの最終提案書の段階では、前胴側下部の左舷エア・インテークとキャノピの間に機体の前から後方を見て時計の長針で約二〇分の方向と、右舷側下部のエア・インテークとキャノピの間の約四〇分の方向にカナード翼を取り付けることを考えていた。（81ページのイラスト参照）

これはいわゆるCCV機動、たとえばカナードと方向舵で機体に横向きの力を発生して前方に水平飛行している姿勢のまま右、左に機体軸を横滑り移動させるなどの従来の航空機にはできない機動をするための計画であった。

しかし、GDから移転されたF‐16の図面に基づいてカナード翼の大きさを決め、これを作動する油圧アクチュエータなどの計画をしてみると重量と空気抵抗が予想より大きいこと、および水平飛行を厳密に守るのをゆるめて、少し機体を傾けて横滑りさせれば、ＣＣＶ機動に近い機動で右、左に機体軸を移動させることができることがわかった。そこで、本件は防衛庁技本と相談し、カナードは装着しないことに決定した。

### (8) 複合材一体成形主翼構造

複合材一体成形主翼はこの日米共同開発プロジェクトの中で大きなテーマの一つになった。まず複合材構造の開発が容易ではないことを説明しておきたい。

複合材構造の主要材料になっている炭素繊維強化プラスチックを金属材料と比べると、複合材は強度が高く、比重が小さいので比強度（強度／密度）が非常に大きい。

炭素繊維を一方向だけに入れている複合材の比強度は、ジュラルミンの七倍もあるが異方性が高い（繊維方向の性能とこれに直角の横方向の性能の差が大きい）。0度、90度、プラスマイナス45度の四方向に等量ずつ炭素繊維を入れて擬似等方性にした複合材でもジュラルミンの三倍の比強度がある。実際には、荷重の方向と大きさをよく考えて、うまく荷重負荷に耐えられる構造にする。

異方性は強度にだけ現れるわけではなく、温度差による膨張、収縮にも現われる。今では笑い話になるが、昭和五〇年頃、三菱重工で航空機構造部材として複合材の試験などを始めた時に、強度データを採るため、かまぼこ板のような複合材の試験片を作ったことがあった。

出来上がったのが夜になったので、冬の夜は寒いから、試験は翌日ということになって、その試験片は棚の上に置いて帰った。翌朝来て見ると、試験片が厚みの中心からきれいに割れていた。「誰かが早朝に来て、ちょっとこの試験片に触って、誤って床に落として割ったのではないか」ということで犯人探しを始めたが、誰も白状する者がいない。そのうち誰かが気がついて、昨夜は寒かったので、試験片の両表面が収縮し、中心部あたりは収縮が少なくて、割れたのではないかと言った。確かに割れた試験片の両表面は端が少し反り上がっていた。

私たちは冬の朝の寒さとともに、複合材の温度差による現象を身にしみて感じ、その後、このような誤りは犯さなかった（と信じる）。

複合材のこのような短所を十分承知した上で、長所を活かすように用いれば、軽くて静強度も疲労強度も高く、かつ一体成形であれば部品が少ないので低コストの構造ができる可能性がある。

実際の構造部品の成形加工にあたっては複合材構造は強度、ひずみなどの品質が次の要因によって大きく変わることがある。

①製品の大きさ、積層枚数、構造の複雑さ
②材料となる炭素繊維強化プラスチックの特性
③積層要領（繊維方向、繊維の波打ち、層間の隙間）
④成形治具《じぐ》（大きさ、加熱空気の流れ、治具の熱収縮による変形）

⑤ 硬化プロセス（温度、圧力）

右の要因のどれが変わっても、ほかの要因を変える必要がある。たとえば、④成形治具の大きさに制限があれば、当然、①製品の大きさを変える、すなわち分割加工するように設計図面を変えねばならない。また、①製品の大きさが変われば、③積層要領、④成形治具、⑤硬化プロセスを変えねばならない。

そしてどれが変わっても、焼き上がり状態が異なるので製品の強度およびそのばらつきは変わるから、そのつもりで設計の確認を要する。

したがって、設計は技術部が中心になってするものだが、工作部、研究部（材料研究課、強度試験課）、品質管理部などと、よく調整しながら進める必要がある。

初めての試作品ができたら各種試験を行ない、強度試験は環境室の中で温度、湿度の影響を含めて評価することとした。

さらに最大の問題は、ＧＤは複合材主翼の技術が欲しいので、これを分担部位としたいと主張し、日米政府間で合意されたことであった。いかに三研翼の試作に成功したといっても、右記のとおり、設計が異なれば、製造プロセスに至るまで、全作業を初めから実施し、ＧＤに移転すべき設計図はもちろん、作業スペックも試作作業の中で作り直さないと、技術指示もデータもないという状況だった。

結局、技術部だけでなく、工作部も品質管理部も、複合材主翼の試作だけでも大変なのに、その試作の成果をほとんど同時に米国に移転する事態に突入した。

## (9) 各種システム

エンジンとフライ・バイ・ワイヤの飛行制御以外の各システム、すなわち降着系統、推進系統、燃料系統、空調系統、火器管制系統、電子戦系統、通信・識別系統、操作・表示系統、飛行・航法系統、乗員系統、脱出系統などのシステムは、基本的にはF‐16ブロック40の各システムを踏襲したが、FS‐Xの要求に合致することを確認し、不足の機能性能は改造または変更することとした。

たとえば、推進系統に属するEPU(Emergency Power Unit:非常動力装置)は、F‐16のものは二一世紀に部隊運用を始める戦闘機としては古くて危険であると考えて、次項に述べるように新型に変更した。

また、脱出系統では座席の脱出装置はおおむねF‐16と同じだが、前述のとおりキャノピが開かない時でもスルー・キャノピで脱出できるように変更した。このためF‐16ではキャノピと風防が一体になっているが、FS‐Xではこれを分割し、さらに風防はF‐16の想定より大きな日本周辺の海鳥が衝突しても堪えられるように変更した。

そのほかのシステムは、機体への取り付けが必要な装備品のうち五〇パーセントは米国のライセンスをもらって国内生産することを考え、技本のFS‐X開発室に米国との調整をお願いした。

しかし、米国政府は、F‐16の技術を日本に開示することを認めると、再び議会で問題化することを恐れて、原則としてどれもライセンスは認められないという回答だった。それでは設計チームとしては飛行安全を確保する上でも困るので、ライセンスがどうしても必要な装備品に絞って、再度FS‐X開発室に調整をお願いした。

それから約二年、日米政府間のTSCで毎回議論を重ねて、装備品の約一〇パーセントはライセンス生産を認められ、残りは完成品輸入か国内で独自開発となった。

米国から購入する装備品については国内の商社を通して米国のメーカーと仕様調整を図った。ところが商社任せでは、思ったように調整できないところがあるので、平成三（一九九一）年の正月明けに資材部の担当者とともに設計チームの担当者が直接、米国のメーカーを訪問して、仕様調整、納期調整をすることにした。

折しも一九九〇年八月のイラクによるクウェート侵攻をきっかけに、いつ戦争が始まるかわからない状況で、ついに一九九一年一月一七日、多国籍軍がイラクに空爆を開始し、湾岸戦争が始まった。そのしばらく前から、航空会社は国際便を運休するところが多く、日本の各社は海外出張をほとんど見合わせる状態になっていた。

私も困ったが、ちょうど一月末に米国でFS‐X関係の日米TSCが開かれることになり、防衛庁技本の松宮開発官以下約二〇人の担当官も参加することを知らされた。

私としては、このTSCが湾岸戦争を理由に延期されるなら、設計チーム技術者の訪米も延期するが、TSCが予定どおり開かれ、防衛庁の担当官が訪米するなら、会社側も行かざるを得ないと考えた。そこで電話で様子を尋ねたところ、一月末に渡米するとの返事。「よし！それなら行こう」と決め、技術者に伝えた。

それから毎日、日本航空、商社、GDに航空便の状況などを訊き、新聞やテレビの報道を踏まえながら安全を確認した上で予定の技術者に出発してもらった。

GDは世界中に技術者を派遣しているので、常時、世界中の情報を入手しているという。実際、一月一八日にイラクがスカッド・ミサイルでイスラエルを初めて攻撃した時は、国内で報道される前にGDから「ミサイルは落下しても爆発はしなかったので、弾頭に生物化学兵器が入っている可能性もあり調査中」との一報がもたらされた。

その数日後、米国から英国に回る予定の設計チームの仲間が、ニューヨークから電話をかけてきた。「ニューヨークからヨーロッパに行く航空便は、KLMの一便以外すべて運休になってしまったが、今回、どうしても英国に行かねばならないだろうか？」

私はすぐに日航など航空会社に状況を確認して、「大丈夫とのことなので、予定どおり行くように」とお願いしたが、つくづくこんな時は自分が行くべきだったと後悔した。

このような装備品メーカーへの訪問、仕様調整などを経て、装備品業者の選定は平成四（一九九二）年のモックアップ審査の前にはおおむね終了し、基本設計の計画図に織り込むことができた。

### (10) 非常動力装置（EPU）

EPUはエンジン単発のF-16では必須の装置で、もし、これがなければ飛行中にエンジンが停止した場合、発電機も油圧ポンプも停止し、フライ・バイ・ワイヤは作動しなくなり、ただちに墜落する。

ところが米軍のF-16は、EPUの燃料がヒドラジンであるため、F-16が三沢基地に配備された時、「ヒドラジンは人体に有害なので、F-16が墜落したら、一般市民はその機体に近づいてはならない」と言われ、それでは救助に向かう消防隊も困るだろうという話があった。

F-16を改造母機としてFS-Xを開発することに決まった時、私たちは二一世紀に飛ぶ航空機が人体に有害なものを持っているのはおかしいと考えた。幸い米国でジェット燃料を使うEPUが開発されたという情報を得て、ヒドラジンは使わないことにした。

このEPUの本体部分は米国の会社が開発し、その周辺のシステムは日本の会社がとりまとめるという方法で開発が進んだが、いざ完成したEPUを三菱重工の工場に持ち込んで試験をしてみるとうまくいかない場面が何回かあり、最後は三菱重工の設計チームの技術者を米国の会社に張り付けて、初飛行に間に合うように支援とフォローアップさせた。
その後は特に問題なく、F‐16より進歩したEPUを搭載することができた。

## さまざまな壁を乗り越えて

### (1) 平屋を二階建てに改造するようなもの

これまで私は「改造開発は、新規開発に比べてどのくらい容易か?」という趣旨の質問をたびたび受けた。そのたびに私は次のように答えた。

「自分たちが開発した航空機を改造するなら、開発の時に検討した前提条件、内容など、自分でもある程度知っているし、身近の人に聞けばすぐわかるので、比較的簡単にできる。

今回のように他人、他社が開発した航空機については設計の経緯や試験の結果などのデータも不十分だし、わからないことも多いので、改造前にまず改造母機の現状についての勉強が必要で、新規開発のほうがよほどやりやすい。

また改造母機を調べていくと、防衛庁の仕様を満たすためには、大幅な改造を要する所があとからわかったりして、改造規模が膨らむことも少なくない。これは平屋の家を二階建てにするのと似たところがある。

つまり二階建てにした家をまるごと台風や地震に耐えるようにするには、既存の平屋部分の柱を太くしたり、さらには土台まで補強するのは当然である。同様にFS・Xの場合も、外見上の改造は大したことがなくても構造部材から各システムまで相当規模の設計変更を要する」

## (2) 「ワイガヤ会議」で問題解決

設計チームでは各社、各人の優れた能力を結集するために必要に応じて参加者がワイワイガヤガヤと自由闊達に話し合う「ワイガヤ会議」と呼ぶ会議を開いた。

特に一つの室、班だけでは解決できない問題が起き、関連の担当者と相談するだけでは済まない場合には、チーム・リーダー以下、関係のサブ・リーダー、各室長、班長と担当者が一堂に会して、それぞれ「できない理由ではなく、できる条件を言う」「その条件を満足するためのアイデアを出し合い、解決を図る」ことを目的とした。

「結論が話し合いで出ない場合は、最後にチーム・リーダーが決定するから、アイデアは各人の担当部位にこだわらず自由闊達に出すように」と毎回はじめに断って知恵を引き出すように努めた。

FS・Xの開発でワイガヤ会議で解決した例を挙げると、主翼前縁付近の翼胴結合部に近い胴体を上下方向に見て三角形の翼胴結合部近くのスペース(少々不適切な表現だが「黄金のデルタ地帯」と呼んでいた)が燃料、飛行制御、空調などの取り合いになり、担当者間では解決不可能としてチーム・リーダーに持ち込まれたことがあった。

関係する担当者に加えて班長も集まって問題点を整理し、それを各担当が持ち帰ってさらに検討し、数日後に再び会議を開くことを数週間にわたって続けた。数回目の会議で、アビオ設計班から、後部胴体にある電子機器の搭載方法をひと工夫してできたスペースを隣接する燃料タンクのスペース拡大に提供する案が出された。

検討してみると、燃料タンクのスペースはこの案で足りることになり、黄金のデルタ地帯は他システムに譲ることができた。同時に飛行制御の前縁フラップのシステムも少し位置をずらすと成立することがわかって、結局、合意案が成立した。その瞬間、その場にいた関係者は全員大声で「万歳！」と叫び、大喜びした。

その後、ワイガヤ会議にこの問題を提起した燃料系統の若手の技術者が積極的に設計に取り組み、先輩の技術をどんどん学び、成長して頼もしい技術者になったのは誠にうれしい話であった。

直接、問題解決の「ワイガヤ」ではなかったが、「形状形態調整会議」「システム装備品配置調整会議」などもこのスタイルで知恵を出し合い、狭い機内にぎっしり詰め込んだ装備品と構造の場所争いの問題を解決した。

## (3) 重量軽減に貢献した複合材

重量は最も大事な管理事項なので重量だけでなく重心の管理も一緒に構造班にお願いして各班の目標重量を定め、各班のデータを定期的に収集整理した。

設計着手時には構造も装備品も混沌とした状態だったが、一年半後には第一回の重量軽減キャンペーンを行ない、それまでに重量目標を定め、重量軽減アイデアの検討を何回も繰り返した結果をまとめるに至った。

重量軽減の手段として複合材は非常に期待されていた。特に主翼を一体成形の複合材構造にするのは開発着手以前の提案書の段階からあったことで、問題はむしろその技術を米国に移転するタイミングなど実施要領にあった。

主翼以外もできるだけ重量軽減を図るため、フラップ、尾翼などの舵面に複合材を使うのは、世間の情勢にも合致し、特に問題はなく、主として富士重工の担当部位に適用すると決まった。そのほかに川崎重工が担当した前胴の一部の外板も、川崎重工の実績から問題はないと考えて、複合材パネルとすることになった。

GDは分担部位になっていた後胴を複合材構造にすることを考えて、独自の新しい複合材で作ることを提案してきた。ところがこれは、米国政府から注文がついて、新しい独自の複合材は、米国で開発された新しい技術なので、FS-Xに適用してもいいが、材料特性データを日本に提示することはいっさい許されないといわれた。

　私たちは、強度計算書もないいような構造は採用できないとして、防衛庁の了解を得て、ＧＤの複合材構造の提案は適用しないこととした。ＧＤの技術者が積極的に提案したことをつぶすのは残念だったが、やむを得なかった。こういう技術交流の垣根を国境沿いに作られると、技術の進歩の阻害もはなはだしくなるので、早くなくすことを切に希望する。

　複合材以外にも鉄鋼の代わりにチタン合金を使うことも検討し、特に複合材構造に結合される金具には熱膨張率が複合材に近く、鉄より軽いチタン合金を使うことが多かった。

　重量管理は試作機全機が完成するまで、その後も地道に実施した結果、前胴に搭載する装備品の重量が推定より軽いことが判明し、機体の重心位置の調整に苦労したあと、ようやく許容範囲に収めた。

## （４）家族ぐるみの付き合い

　ＧＤの技術者は、発足時に少数だったこともあって、その後チームに途中から参加する人が多かった。そのような人が着任するたびに、チーム全体ではないが、おおむね班ごとに歓迎会を開いた。仕事は忙しく、なかには毎日朝七時から夜一一時まで仕事をしていて「セブン・イレブン」というあだ名をもらった人もいたが、仕事以外の付き合いは、仕事での話し合いを円滑に進める潤滑剤としても必要と考えて、極力企画し、皆参加するように努めた。

最初の年のクリスマスには三菱重工名航の所長主催でパーティを開いた。パーティにはGDの技術者を夫婦同伴で招待し、大変喜ばれた。三菱重工側も、ふだんは設計チームのメンバーが会うことがない所長室員や設計関係以外の部長にも声をかけて参加してもらった。

日本側の出席者も、課長以上は夫婦同伴、GD側は若い人も多く、小さい子供のいる夫婦のためにパーティ会場のホテルに部屋をとって、交代でベビー・シッターをして助け合っていた。

このパーティとは別に設計チームでクリスマス・パーティ兼忘年会も開き、片言英語でも思った以上に会話ができて盛り上がった。パントマイムで面白い寸劇をしたり、英語で替え歌を歌ったり、みな大いに楽しんだ。ほかにもGDの技術者の中には「自宅でクリスマス・パーティをするので来て下さい」と言う人もいて、何軒かのお宅にはコーラの1・5リットル瓶などを持ってお邪魔した。

米国人は家族どうしの付き合いを大事にすると聞いていたので、五〇歳前後以上のGDの人には積極的に声をかけて、互いに自宅に招いて食事をしながら歓談する機会を作った。

GDからの派遣者の住居は、政府間の交渉でテキサス・サイズの家とされていたので、広くて立派な住まいだったが、私たちの家は日本のサラリーマンの平均的住居で、GDの人たちを招くのは気が引けたが、招待してできるだけの歓待をした。

米国の人は祖先がヨーロッパ、アジア、南米などいろいろな国から移住してきているので、暮らし方にはそれぞれ個性があり、興味深かった。

彼らとこのような付き合いをして、アメリカ、メキシコ、中国、韓国、インド、ドイツ、イギリスなどの家庭料理をいただいたが、どれも心がこもっていて大変おいしかった。おいしいもの、楽しいこと、面白いことはどこの国の人でも変わりない。

残念なことに楽しくない生活を日本で送った人もいた。GDの技術者の中には新婚夫婦もいたが、ある新婚夫人は初めて来日して日本語はわからない、近所に話し相手がいない、朝、ご主人を送り出すと、夕方帰宅するまで外出もせず一人で淋しく待っているという生活だった。

GDとしては、技術者の取りまとめ役や新瑞橋の事務所長などのベテラン夫人たちが協力して、各家庭に昼間電話をしたり、訪問したりして、困っている家庭のサポートをしていたようだ。

ある日、ベテラン夫人のひとりがその新婚さんの自宅に電話したところ誰も出ない。心配して行ってみると、夫人が横になっていて、そばに睡眠剤の瓶がころがっていた。「これは大変！睡眠剤を大量に飲んだ」ということで、すぐに病院に運んで事なきを得たという事件があった。

この新婚の夫人には気の毒なことだったが、従来の国内だけで設計チームを作るのとは違う問題があることを痛感した。GDのベテラン夫人たちの配慮、日常の努力は本当にありがたかった。

実はこの話は後から聞いて知ったことで、あるGD技術者の夫人から「もう済んだことで、三菱重工には連絡しなかったので、あなたからも言わないで」と言われたが、GDのご家族にも大変な苦労をかけたことを知ってほしいのであえて紹介した次第である。

# 第5章　現実化した「平成のゼロ戦」

## モックアップ公開と松宮開発官の直言

設計チーム発足から三年経った平成四（一九九二）年には基本設計がおおむね固まって、モックアップ（実大木型模型）を作製し、その審査を受ける時が来た。また、各社から派遣された技術者が帰任する時期が近づいた。

モックアップの目的は基本設計として設定した基本計画図による構造と装備品、異なる装備品どうしの干渉がないこと、パイロットの視界とアクセス性、整備員のアクセス性などの確認および外形形状の妥当性である。

このため、モックアップは単座型機全体、複座型機の前胴だけ（エア・インテーク部を除く）と外部搭載品の燃料タンク、ミサイル、誘導爆弾などを作り、外部搭載品は整備員が着脱して、その所要時間を計測した。

自衛隊機のモックアップが公開されたのは、XT-2以来なかったようだが、情報公開の立場から今回は二三年ぶりに記者公開されることとなった。

平成四年六月一九日、モックアップの記者公開が行なわれ、防衛庁技本の松宮廉《きよし》開発官はおおむね次のように挨拶された。

「短時間ですが、次期支援戦闘機FS-Xの開発状況についてご説明申し上げ、実大模型をご覧いただきまして、本プログラムに対するご理解を深めていただき、今後ともご支援賜りますようお願い申し上げます。

ご説明の前に、私より思うところを述べてご参考にしていただきたく存じます。まず日本の報道関係者の方に二つ申し上げたいと思います。

一つは、従来の報道によりますと某評論家の方などのご意見を採り上げ、冷戦構造崩壊後に次期支援戦闘機を開発する必要などはないのではないかとの見解を掲記しておられるようですが、防衛庁が従来から進めて参りましたのは平和時の基盤的防衛力の整備でありまして、脅威対抗型の防衛力ではございません。一九九三年度の米国国防報告によりますと米国はベース・フォース・コンセプト（基

平成４（1992）年５月15日、三菱重工名古屋航空宇宙システム製作所小牧南工場でFS-Xのモックアップ（実大木型模型）を使って各部の形状や配置などの検討のための審査が行なわれた。

盤戦力思想）に基づいて、戦力の再編成を行ないつつありますが、これもまた基盤的防衛力そのものであり、我が国は従来から基盤戦力の構築を行なってきているものであります。したがいましてソ連邦が崩壊し、ＣＩＳ（独立国家共同体）になったからといって、本開発プログラムには何ら影響をあたえるものではないと私は確信しております。

二つには、先般基本設計の成果として、垂直カナードを取り外すことといたしましたが、多くの報道が、これによりＣＣＶ技術という目玉となる先端技術の適用を放棄したかのごとくなされておりますのは、事実に反することであり、真に遺憾に存じる次第であります。

私どものご説明が十分であったとは申しませんが、国民の皆様方に垂直カナード＝ＣＣＶとの認識を与え、あたかもＣＣＶ技術の適用を見送り、陳腐な技術しか適用していないというような印象を与えてしまったことは、真に残念であります。

ＣＣＶと申しますのは、後々詳しくご説明させますが、フライ・バイ・ワイヤ・システムを用いてＲＳＳ（Relaxed Static Stability：静的不安定）とかＣＡ（Control Augmentation）などのモードを実現するものでありまして、改造母機Ｆ‐16そのものが、すでにＣＣＶ機能を保有しており、ＣＣＶ技術の適用を断念したというのはまったくの誤りであります。

Ｆ‐16にはないＤＬＣ（Direct Lift Control）、ＤＳＣ（Direct Sideforce Control）というモードをＭＥ（Maneuver Enhancement）、ＤＹ（Decoupled Yaw）モードで置き換えたもので、結果としてカナードは不要になったというのが正しい理解であります。

報道機関の威力は絶大であり、国民は皆様方の書かれた記事を事実と信じるしか手段はないわけでありますので、くれぐれも事実を報道していただくようお願いしておきたいと思います。

次に米国の報道関係の方に特に申し上げたいと思います。

本年六月五日に米国議会会計検査院（GAO：General Accounting Office）よりFS‐Xに関する報告がなされておりますが、私どもとしましては公正にコメントする立場にはありませんが、あまりにも事実に反すること、想像に基づくことが記述されており、まさに不愉快この上ない感じを、私としては持っております。

一年前のデータをベースにしているという言い訳も非公式に聞きますが、私は言い逃れにすぎないと思います。米国国防総省および米空軍、ならびに商務省の方々は一生懸命協力していただいておりますが、このようなトーンの報告書が米国議会に提出されるということは、米国は本当に本開発プログラムを遂行することが、日米防衛協力の好ましい例になると考えているのかどうか、疑わしくさえ感じております。

不都合な点を二つ指摘しておきます。

一つは、開発総経費について、米国側に説明していないとか、経費の増加は日本側の設計変更によるものであるとされておりますが、事実ではありません。

まず開発総経費につきましては、公表するには至っておりませんが、常々検討しつつ概算要求を行なっており、大蔵省のご査定をいただいて国会承認を得ているところであり、日米技術運営委員会（TSC：Technical Steering Committee）でも報告、了承されているところでありまして、私どもから米国の会計検査院に報告する義務は、まったくないことを強調しておきたいと思います。

次に、当初見積もりに比して経費が増加していることは事実でありますが、すべて日本側の設計変更によるものではありません。設計変更といわれますが、いま初めて設計しているのでありまして、いまから変更が出てくるというならわかりますがまったく理解できないところであります。

昭和六〇年度固定ベース一六五〇億円というのは、米国のGDの技術援助を受け、日本企業が試作機を設計、製造するという前提で試算されており、米国企業が直接、設計に参加し、試作機の一部部分を製造するということは考えられておりません。

したがいまして、米国企業が分担製造するということと、米国議会の決議によりFLCC（フライト・コントロール・コンピュータ）のソースコードが開示されなくなったので、国内開発することが、経費増加の主たる要因であります。

二つには、日本側が技術移転に消極的であるとのことですが、これもまた事実ではありません。我々はこの点につきましても平成二年三月、平成三年五月と二回にわたる米国の技術調査団の来日を受けており、個々の問題につきましても話し合いを行なっております。

たとえば、アクティブ・フェーズド・アレイ・レーダーのデータを充分に米側に説明していないかのごとき記述がありますが、私どもとしましては、可能な限りのアクセスを認めており、可能なデータはすべて提供しております。しかし、モジュールの製造技術などの保有技術の移転は当然のことながら、別途、民―民契約の必要なものがありますが、いずれにしても技術移転のために最大限の努力を払っているところであります。

しかし、これからご覧いただくように、開発が着々と進んでいるFS‐Xは軽量小型の機体でありますが、この中に最新の技術と装備をコンパクトに盛り込んでいることで、私はこの機体は『平成のゼロ戦』たり得るものと自負いたしております。

今後とも開発の進展についてご協力をいただきたいと存じます」

この「平成のゼロ戦」は米国の記者に引用され、「第二次世界大戦では『昭和のゼロ戦』が米軍機を散々苦しめたが、今度は『平成のゼロ戦』が米国の経済を苦しめるのか」と報じられた。

## 米国関係者のモックアップ見学

モックアップを見学したジェフ・シアーの感想は、著書の中で次のように述べている。

「FS‐Xの木製モックアップの前に立つと、胴体上部の中央から両側面に滑らかに下りる曲面、実物のような武装の取り付け部、電子機器の入り組んだポッドを作った精緻な職人技に驚かずにいられない。モックアップに対する細心の気配りと、日本の優れた技能者の腕前を象徴する細部にいたるまでの打ち込みぶりを伺わせている。モックアップに染み込んでいる大和魂を謳い上げるまでもなく、そのメーカーは際限なく高い能力があり、あくまでも骨身を惜しまないことは明らかだ」

この年の一〇月、米国商務省次官のジョアン・マッケンティ女史がモックアップを見学するために三菱重工小牧南工場を訪れた。この時は松宮開発官の発案でキャノピの下枠沿いに女史の名前を書いたデカール（大型のシール）を貼り、コックピットに乗り込んでもらって写真を撮ったところ、大変喜ばれた。女史はFS‐X日米共同開発が始まる前の議会での論議で、商務省を代表して開発に反対した、小柄ではあるが強力な女性であった。

同年の一一月には米国大使ミチェル・アマコスト氏がモックアップを見学に来所。この時も名前を書いたデカールをキャノピの下枠沿いに貼り、コックピットに乗ってもらい写真を撮影して大変喜ばれた。

モックアップをいろいろな関係者に見ていただいた結果、いちばんの成果は関係者が真剣な眼差しでFS‐Xを現実の戦闘機として見るようになったことだと私は感じた。それまでは、極端に言うと、技術者のお遊びと見ているのではないかと思われる節がないでもなかったが、突然、現実の戦闘機として心から期待されるようになったという思いであった。

モックアップに関する審査や記者公開が終わると、約一か月後に基本設計を終了し、各社の技術者は帰任した。その後の開発作業は各社が三菱重工の設計チームと連絡し合い、必要があれば出張して顔を見ながら、それぞれ相談して分担部位の製造図面を作成し、初号機の製作に入った。

GDの技術者も、設計チームに連絡調整要員を残し、徐々にテキサス州に戻った。

# 第6章　米国に技術移転された複合材

## 複合材一体成形主翼の試作

複合材構造を作る難しさは第4章の「F‐16からの主要改造」で述べたとおりであるが、成形加工中の熱変形により、「反り」などの変形が生じることは常に注意していた。

FS‐Xの主翼の一体成形になると胴体に結合する翼根から翼端まで四メートルもあって、しかも翼が反ったり、捩れたりすると、空力性能が目標に達しなくなるので、そのような変形を厳しく抑えなければならない。

設計、研究、工作、品証などの関係者からなる複合材推進チームが対策を立てることになった。あとから聞いた話によると、反りが生じるのは、第4章で説明したような複合材の異方性が原因と思われたが、計算してみると異方性の効果だけでは発生する反りは少なく、現象を説明できなかった。いろいろなデータを調べた結果、成形に用いる治具も高温になると複合材の反りと同様に反ることを見つけた。治具が熱変形しないように工夫をこらし、複合材も繊維方向を変えて、試験した結果、反りは減少することが確かめられた。このような原因究明、対策立案を細かい点まで実施して、図面で指示された品質を確保できるようになった。

こうして確立したプロセスを英文の文書にして、米国に技術移転する準備をした。

## GDからロッキード・マーチン（LM）へ

平成四（一九九二）年一二月九日、GDはロッキードに買収された。私はちょうどGDに出張中で、朝いつものようにFMクラシック・チャンネルを点けたところ、七時の五分間ニュースの最初に、この買収合併のニュースが流れた。

ホテル内で朝食の時に、業務部の社員にこれを知らせると、「では、GDに行ったらすぐにフォートワースの社長に面会を求めて、FS‐Xプロジェクトへの影響を訊ねよう」ということになった。社長に面会を申し込んだところ、昼休みに一〇分だけ時間を空けてもらえることになった。ゴードン・イングランド社長は、のちに海軍長官を二度務め、その後、国土安全保障副長官、国防省副長官を歴任された方だが、大変親しみやすく、予定時間をオーバーして「これで我々はジャングルのゴリラになれる。日本担当の者は一人も替えない。FS‐Xには迷惑をかけない」と二〇分以上も話を聞くことができた。「ジャングルのゴリラ」とは私たちの言う「百獣の王ライオン」と同じ意味らしい。

私たちが仕事をする場所に戻ると、GDの部長レベルの人たちが、心配そうな顔で私たちを取り囲んで、「社長は何と言っていましたか」と訊かれた。部長レベルの人たちにとっても寝耳に水のようだった。

GDはロッキードと合併後、平成七（一九九五）年三月に、マーチンと合併した。GDの合併は実質的にはFS‐Xプロジェクトには関係なかったが、社名はロッキード・マーチン（以下LMと略す）になった。本書では以降も便宜上、特別な場合を除いてGDと記述する。

## 軌道に乗ったGDの主翼製造

この複合材一体成形主翼の技術は前述のように、三菱重工が責任をもって製造プロセスを設定し、三菱の工場にGDの技術者を入れて、プロセスを説明し、GDに英文の文書にしたプロセスと図面などを移転したあと、三菱重工の技術者がテキサス州フォートワースにあるＧＤの工場に行って、現場で指導した。

三菱重工はＧＤの主翼製造を成功させることが、ＦＳ‐Ｘ開発の重要なキーの一つであると考え、そのためにできる限りの努力を惜しまなかった。ＧＤの技術者も真剣に応じて、ついにＧＤも複合材一体成形主翼の製造技術を習得し、要求どおりの品質、納期で主翼を完成させる力をつけた。

振り返ってみるとＧＤの複合材に関する技術力が低いといわれた原因は、複合材ショップのホワイトカラーとブルーカラーとが一体になって動ける状態ではなかったからではないかと思われる。

ＧＤは三菱重工の現場で設計、研究、工作、品質管理の者が集まった複合材推進チームの活躍を見て、同じような専門家を集めた複合材チームを作り、毎朝ミーティングをするようになり、ブルーカラーの意見がよく通るようになったらしい。

実機の主翼構造を作る前に、その要素の部分構造供試体を製造し、強度の確認をする三菱重工のやり方に従って、いくつかの試験が行なわれた中にタンクモデルの試験があった。タンクモデルというのは、主翼桁間構造の内部が燃料タンクになっている代表的部分を作って、燃料の代わりに水を入れて内圧をかける試験であったが、先に日本で三菱重工が実施した時の最大圧力より高い圧力までＧＤ製は耐荷したということで、ＧＤの複合材チームは大喜びをしたことがあった。

試作機では、四号機の左翼だけがＧＤ製であったが、量産機は大部分の機体の左翼はＧＤ製になった。その左翼の最初の製品（四号機用）を三菱重工へ出荷する時、「一九九五（平成七）年五月二六日にフォートワースの工場でお祝いをするから来て下さい」という連絡を受け、私は設計チームの対GD担当者と一緒にGDの工場にひさしぶりに出向いた。

それから一〇年以上もあとの話になるが、ボーイング７８７の長大な主翼を、Ｆ‐２の複合材一体成形主翼の技術で作ることを三菱重工が提案して、受け入れられ、ＦＳ‐Ｘの開発で苦労した三菱重工の技術者がシアトルに行って、計画時点からボーイングの７８７プロジェクト・グループに入って、ＦＳ‐Ｘの時と同様に着実に開発を進めている、という記事がボーイングのＰＲ雑誌に紹介された。

私たちの開発した技術が広く使用されるようになることはうれしいことで、ＦＳ‐Ｘで一緒に頑張った仲間の成功を祈っている。

## 飛行制御システム試験

設計が進み、作成された飛行制御コンピュータ、舵面アクチュエータ、センサーなどの仕様に基づいて装備品、ソフトウェアなどがおおむね順調に製作され、実機搭載品を用いた系統機能試験や飛行シミュレーションが行なわれた。

開発初期から実施してきたフライト・シミュレーション試験とは別に、あるいは同時に、構成品の試験も行なわれた。たとえば、操縦桿はパイロットがどの方向にどのくらいの強さで押し引きしたかを測るフォース・センサーがたくさん取り付けられている。パイロットの意志が正しく飛行制御コンピュータに入力されるように、操縦桿の確認試験は必須である。

ピトー管に入った空気の圧力から、速度、気圧高度のデータに変換するエアデータ・コンピュータは正しく計算をするだけでなく、滑らかに変化する圧力のアナログ入力に対して、デジタル・コンピュータの出力として滑らかに変化する速度、高度の準アナログ情報が飛行制御コンピュータに与えられることを確認しなければならない。

このような要注意点をいちいち書くには及ばないと思うが、検査スペックにはきっちり書き、きっちりと確認する必要がある。

FS - Xのフライト・シミュレータには飛行制御に用いられる油圧装置も含まれていて、たとえば舵面を作動するアクチュエータも実機品が用いられ、油圧系統の試験も同時に実行された。そのほか米国製装備品の技術輸出制限にかかる問題や、装備品メーカーが別のプロジェクトで受けた不正輸出制裁などで入手が遅れたものがあり苦労したが、地上機能試験を経て、地上滑走試験、社内飛行試験に間に合わせることができた。

## アビオニクス・システム統合試験

最近は一般家庭でも、テレビのディスプレイにパソコンやオーディオ機器をつなげて、それぞれの好みにあった使い方をしている。音質や画質にこだわる人は専門店で機材を購入し、操作しやすいように自ら接続して楽しんでいる。

戦闘機の場合も同様で、飛行制御、通信、レーダー、武器管理など多数の搭載電子機器を統合して運用している。それらの機器が効率よく機能を発揮できるかどうかを確認する試験をアビオニクス・システム統合試験という。

この試験では、搭載電子機器が、機体内部の機器どうしで電磁干渉を生じていないこと、自機の発信電波やレーダーなどで搭載機器が電磁干渉などの影響を受けないことを確認する。まずF-2がすっぽり入る建屋全体を電磁シールドした設備（アビオ・ラボ）を設け、機体内部の機器が影響を受けないことを確認する。

試験は二段階あり、最初は機体がまだない時点で実施され、ダイナミック・モックアップという、内部の棚に電子機器のブラック・ボックスを機体搭載状況に近いかたちで置いて配線した簡易モデルで実施した。ダイナミックとは電気的にはダイナミックになっているという意味である。二回目は機体の全装備を搭載してアビオ・ラボに入れ、同じような試験を行なった。

そのほか、複数のシステム統合試験を実施した。たとえば電源系統のシステムについては、発電機のほか、バッテリー、補助発電機など関連の機器を集めてシステム統合試験を行なった。フライ・バイ・ワイヤの航空機では瞬時の停電であっても、飛行制御コンピュータが止まってしまう、あるいはコンピュータの中のデータが破壊されるおそれがあるので、このような不具合は絶対に許されないという考えで試験した。

## 専門技術を持つ米国装備品メーカーの存在

日米両政府の技術運営委員会（TSC）には、機体の三菱重工とGDは毎回、エンジンの石川島播磨重工とGEは毎回ではなかったと思うが、それぞれ担当者が出席して作業状況を報告した。

TSCの終了後には米国の装備品メーカーを訪問し、問題点やスケジュールのフォローアップをした。たとえばレーダーで送受信する電磁波を機体内部に通すのに用いる導波管のメーカーは、世界中の軍用機の導波管を製造していて、規模は小さいが、技術がしっかりしていると感じた。

興味深いことに同メーカーには、量産用の波板成型ショップとその周りに板取りショップ、前処理ショップ、機械加工ショップ、組み立てなどを並べた工場とは別に、それほど広くない部屋に同じような加工をする小型の機械を並べたエリアがあった。それは試作工場で、製品に不具合が生じた時に、修正、補強などの作業を緊急に実施するためだという。

規模は小さくても、優れた技術に専門化した装備品メーカーが米国でも健在なことを知って頼もしく思った。

# 第7章　ロールアウト

## FS‐X初号機組み立て完了

ロールアウトとは、新しく開発した航空機の製造図面に基づいて部品を製作して構造を組み立て、装備品を装着してハードウェアとして初号機組み立てを完了した時に、その機体のタイヤを転がして組み立て工場から引き出すことをいう。

外見は完成機と変わらないので、関係者を招いて披露するのが通例になっている。

FS‐Xのロールアウト式典は、平成七（一九九五）年一月一二日、三菱重工小牧南工場で、玉澤徳一郎防衛庁長官、相川賢太郎三菱重工社長、デミング米駐日公使、カネストラ ロッキード航空システム・グループ社長以下、関係者約五百人が列席して行なわれた。同時に報道関係者にも公開され、新聞、テレビで大きく報道された。

平成七年一月一八日付「WING」紙に掲載されている玉澤防衛庁長官、相川社長、デミング米駐日公使、増元榮和防衛庁技術研究本部開発官の挨拶は次のとおりである。

**玉澤防衛庁長官**

「記念すべきFS‐Xロールアウト式典に出席し、開発にご尽力された日米の関係者を前にご挨拶でき光栄である。FS‐XはF‐1の後継機として開発されている。現在防衛力のあり方検討が進められているが、我々としては今後とも国の平和と安全を守るため、効率的で質の高い防衛力の整備が必要と考えており、FS‐Xは今後の航空防衛力の中核と期待されるものである。日米初の共同開発となり、官民の緊密な協力により完成し、その雄姿を見ることが出来、感銘を受けた。

米国の優れたF‐16戦闘機をベースに、先進複合材一体成形技術など我が国先進技術を取り入れ、高性能の戦闘機となることが期待される。機体の後部胴体、エンジンなど米国製であり、一方、複合材成形技術はロッキード社に移転され、その技術によりロ社でもFS‐Xの主翼が製造されている。このような日米の技術協力は日米安保の信頼性向上に大きな役割を果たすものと考えている。初飛行が安全に成功することを祈り、三菱重工業をはじめ開発参加各社のますますのご協力をお願いする」

FS-X試作1号機のロールアウト式典（平成7年1月12日）。航空自衛隊がF-1支援戦闘機の後継機種の取得計画の検討を始めてから13年、日米共同開発の方針が決定されてから7年あまり、両国の政治的な思惑から紆余曲折を経て「21世紀の扉を開く戦闘機」の誕生した記念すべき日であった。

**相川社長**

「FS‐X試作初号機のロールアウトを迎え喜びに堪えない。昭和六十年にF‐1後継機として検討が開始されて以来、日米共同開発に決定し、日米の業界が総力を挙げて取り組んできた。防衛庁はじめ国内諸官庁、米国防省のご指導、ロッキード、川崎重工業、富士重工業はじめ各社の積極的な協力に感謝している。日米初の本格的共同開発であり、関係者の開発に関する枠組み作りへの真摯なご努力に敬意を表し、開発担当社として大きな誇りと責任を感じている。今後は飛行試験に向けて一層気を引き締め、予定どおり防衛庁にお引き渡しできるよう努力していく」

デミング米駐日公使

「FS‐Xの共同開発は、日米の同盟関係が現在抱える様々な問題と新たな機会を反映して、いろいろな問題もあったが、その問題は克服され、日米協力の絶好の機会に変えられた何よりの証明となった。技術面では日米双方が技術の相互移転により、例えば米国は複合材主翼製造技術などを、日本は先端航空機設計技術などを得られた。共同開発は経済的な意味でも、装備予算が減少する中で、より効率的な調達の機会が得られる。しかし、最大の恩恵は次の世紀への同盟関係を築き、日米の政財官関係の強化に役立つということである。日米防衛産業の相互技術移転を深めていくことになる。いま、ここにあるこの航空機が日米間の問題を克服できたことの証明である。防衛分野での協力生産の可能性の証明であり、ロールアウトはその第一歩であり、量産段階に移行することを期待し、さらに将来のこのような計画にも米国が参加できることを望んでいる」

増元開発官

「平成二年三月三〇日に次期戦闘機設計チームが発足し、その後、順調に基本設計、細部設計が進展し、平成四年六月には基本設計が終了し、各社において製造図面が作成され、昨年、平成六年二月には、製造図面が出来上がり、各製造会社において、本日、ロールアウトを実施するFS‐X飛行試験用試作初号機の製造が開始された。私は、このFS‐Xは『小型軽量の機体に、日米の優れた技術を結集した結果、高度の機能、性能を有する』点で、まさに『二一世紀の扉を開く戦闘機』となりうるものと確信している。FS‐Xは、日米の共同開発により完成されたものであり、よい意味での日米の協調のシンボルとして、来世紀に到るまで、この航空機を運用するために、玉成していく必要があると考えている」(要旨のみ引用)

そのほかの挨拶は省略するが、日本側は一様に前向きな発言であり、さらにこの頑張りを続けて、FS‐Xを完成するよう期待する旨が主であった。デミング公使からも長期的ビジョンを踏まえた精いっぱい前向きの挨拶があり、ありがたかった。

## ロールアウトの報道

日米両国の報道は、ロールアウトの式典が神事から始まり、二人の神官がお祓い、お清めをして祝詞を上げ、参列者の代表数人が玉串を奉奠《ほうてん》したことから伝えた。

日本の各紙は、量産化には障害も多く、先行き不透明だが、航空機産業界と航空自衛隊は新型戦闘機として今後を支える柱と考えているといった論調だった。

米国の各紙は、基本的には日本の技術に対し疑問を持っていることと、量産する前に生産機数とその米国分担の帰趨に強い関心を持っていることで日本の論調よりやや暗い見方をしているようであった。

英米の報道から二つの記事を紹介する。

『ニューヨーク・タイムズ』（一月一三日付）に掲載された「新型戦闘機の暗い地平線」の要旨は以下のとおりである。

「冷戦の終焉と日本の防衛装備品調達予算の削減傾向から、FS-Xを試作機の段階から量産に推移させるべきか否かにつき疑問が提示されている。仮に量産に移行しても、総数は七〇機から一三〇機程度と見込まれ、この程度の機数では、専門家によれば単価は一億ドルを下らないと見られる。技術に関わる問題も残存している。FS-Xに使用される日本の八つの技術について、米国に無償で還元されるべきか否かにつき両国間で議論が分かれている。

米国側は、かかる技術は米国の技術を改善したもので、よって、FS-X開発契約の下で、米国に無償で還元されるべきと主張し、一方、日本側はかかる技術は日本固有のものと主張。日本の技術の価値については論議を呼んでいる。ロッキードのリー博士は、FS-Xに初めて使われた三菱重工の複合材による主翼の一体成形技術を評価している。一方、他の専門家は、米国の航空機用複合材技術のほうが、日本の技術よりすでに先に進んでいると語った」

英国週刊誌『フライト・インターナショナル』（一月一八〜二四日号）に掲載された「日本、FS-Xをロールアウトさせる」の要旨は以下のとおり。

「将来の防衛予算規模や量産機数に関する不透明さが続くなか、三菱重工製FS-Xの試作初号機が一月一二日にロールアウトされた。計画では、FS-Xの量産は一九九六年に開始され、量産初号機の運用配備は一九九九年の予定。日本の航空自衛隊は三菱重工製F-1戦闘機の後継としてFS-Xを一三〇機まで購入することを希望している。しかしながら日本政府はFS-X量産の確約や、量産機数の決定をまだ行なっていない。一九九六年に始まる次期五カ年防衛計画は、防衛費削減要求に応じて見直されることになっている。予定どおりに進めるためには、日米間の交渉は一九九六年初頭までに決着している必要がある」

## 高性能機は美しい

平成七（一九九五）年一月一二日のロールアウト式典の前日、ロッキード会長兼最高経営責任者のテレップ氏がFS-Xの視察のため三菱重工小牧南工場を来訪した。

テレップ氏は、日頃、体調維持のためよく歩いているといって、小牧南工場の中を早足で歩き回り初号機を見て、「グッド・ルッキング、グッド・フライト（美しい飛行機は性能がよい）」と言って帰った。

この言葉は、実は私は学生時代に、戦前、戦中の海軍航空技術廠で艦上爆撃機「彗星」の設計者だった山名正夫先生から聞いたことがあって、「だから性能の優れた航空機を設計しようと思ったら、美しい線を引き、美しい絵を描くように、日頃から心がけなさい」と教えられ、実践していたので、テレップ氏から「（山名先生の教えに）合格！」と言われたように感じた。

# 第8章　社内飛行試験

## 全機地上機能試験

ロールアウトが終わると機体の各システムについて全機地上機能試験が行なわれた。第6章で、システム統合試験として紹介した飛行制御システム、アビオニクス・システム、その他のシステムで実機とは別に作った部分モックアップで試験をしたシステムについて、実機ＦＳ‐Ｘ初号機を用いて試験した。さらに脚の上げ下げは機体をジャッキアップして、主脚、前脚を胴体内に格納したり、出して着陸形態にしたりする。フラップ、水平尾翼、方向舵、空調系統、燃料系統などの作動確認も行なった。これらが問題ないことを確認後、地上滑走試験に入った。

## 地上滑走試験

地上滑走試験の目的は次の五項目であった。

(1) 地上滑走、加速、停止特性の確認
(2) 前輪操向(ステアリング)機能の確認
(3) ブレーキ機能の確認
(4) ドラッグ・シュートの開傘、切り離し機能の確認
(5) 地上滑走中の操舵(水平尾翼など)特性の確認

第一回の地上滑走試験は平成七(一九九五)年八月三一日を予定し、防衛庁記者クラブと地元報道関係社に対し知らせておいたため、当日は報道関係社一四社、約二〇人が三菱重工小牧南工場に来所した。

地上滑走試験は一五時からの予定で、その前に試験の概要などを説明したあと、試験状況の撮影を滑走路の北端付近で行なうため、報道関係者は小牧基地側に移動して待機した。

時間になると、三菱重工で事前チェックを行なっていたFS・X初号機が空港との境にある三菱重

地上滑走試験中のFS-X試作１号機。着陸滑走時の制動用のドラッグシュートを開傘している。

工の門の前に出てきていったん停止した。そのまま動かないので、皆がいつ出てくるかと待っているとエンジン音が低くなり、そのままエンジンがカットされてしまった。報道関係者には小牧基地から「本日の試験は中止」と連絡し、三菱重工に引き上げてもらった。

一緒にいた担当者は記者から「トラブルの原因は何か？」「地上滑走再開はいつか？」と質問攻めにあったが、「コックピットや電子機器を冷却する空調能力が不十分という警告灯が点灯したため、安全性を重視してパイロットがエンジンをカットした。原因は現在、調査中でわからない。次回取材については、防衛庁長官官房広報課報道室にお尋ね下さい」ということで残念ながら滑走試験は延期になった。

九月一二日、仕切り直しの地上滑走試験が行なわれた。初滑走なので最高速度は約三〇ノット（時速五五キロメートル）で報道関係社一六社、約四〇人の前を無事滑走した。

新聞の報道はどれもあまり変わらず、日本経済新聞（平成七年九月一三日付）の記事を引用する。

「日米が共同開発している航空自衛隊の次期支援戦闘機（ＦＳＸ）の地上滑走試験が十二日、開発のとりまとめを担当する三菱重工業小牧南工場（愛知県豊山町）に隣接する名古屋空港で始まった。

地上滑走試験は今月中にも予定している初飛行に備えるもので、地上での加速・停止機能やステアリング機能などを確認する。試験は一週間程度の日程で、数回実施する予定。

ＦＳＸは現在のＦ１支援戦闘機の後継機。米Ｆ‐16戦闘機をベースに総額三千二百七十四億円を投じて開発、九六年度からの量産を目指している」

記者公開のあと、地上滑走試験の元来の計画に沿って、順次速度を上げ、最高一〇〇ノット（時速一八五キロメートル）ほどで、ちょっとジャンプしてタイヤが地面を離れるくらいまで進めた。

## 初飛行に移行する条件

八月三一日に予定された初地上滑走は延期されたため、地上滑走試験をどれだけしたら、飛行試験に移行できるかが問題になった。

三菱重工は不具合があれば、そのつど不具合対策はきちんとしてきたことは防衛庁にも理解してもらえたが、地上滑走試験の状況を見ていると、初期故障のような不具合が多く、初飛行の時にも出る恐れがあるように思われた。

そこで、論理的ではないが、防衛庁と相談の結果、「九回目の地上滑走試験終了までに発生した警告灯点灯の原因及び点灯する条件について、その対策が講じられ、単体試験などで問題が解消していることを確認後、連続三回以上の地上滑走試験において、警告灯が点灯しなかった場合に、天候その他の状況がよければ、飛行試験に移行する」という指示を防衛庁から受けた。

「ただし、天気予報は三日前で八〇%当たる程度なので、一〇月一日に三日の天気がよさそうなら、一日に広報課から報道機関に三日と伝えるようにする。一日に三日の天気予報が悪ければ、四日の予報で六日に……」となった。

FS-Xの飛行制御はデジタル・フライ・バイ・ワイヤでコンピュータ制御になっているが、ほかの中小のシステム、たとえば空調系統、燃料系統、エンジン制御系統、などもそれぞれ小さなコンピュータを持ったシステムになっていた。

このような機械的に作動する、昔からあるシステムをコンピュータなどのエレクトロニクスで制御するシステムは〝メカトロニクス〟と呼ばれている。これらのメカトロニクスは、結局、百点満点の機械と百点満点のソフトウェアでも、単純に組み合わせただけでは思ったように作動しないか、あるいはそれぞれの警告灯が点灯する条件が不適切な場合があることがわかった。

したがって、地上走行し、急ブレーキをかけ、機首を上げ、左右に胴体を捻るなど作動条件をいろいろ変えた状況で、機能の確認をすることが必須であることを改めて認識した。

これは私たちも配慮していたはずであるが、装備品メーカーと取りまとめの三菱重工との間にわずかにせよ綻《ほころ》びがあったのかもしれない。

## 社内飛行試験

初飛行の様子については第1章で述べたので省略するが、初飛行後、初号機はキャノピを開いてコックピットを記者公開したのにならって単座型機の操縦席の写真をここに紹介する。

初飛行に続いて、社内飛行試験が行なわれたが、その目的は「離陸でき、離陸後安定した低空、低速を維持して試験空域に行き、試験後戻ってきて着陸できることを確認し、引き続き防衛庁が飛行試験に移行し得る見通しを得るための、速度、離陸滑走距離などの飛行性能/飛行特性、各系統機能を把握すること」とされていた。

参考までに、防衛庁に機体を納入すると、官側の飛行試験では「要求性能を満たしていることの確

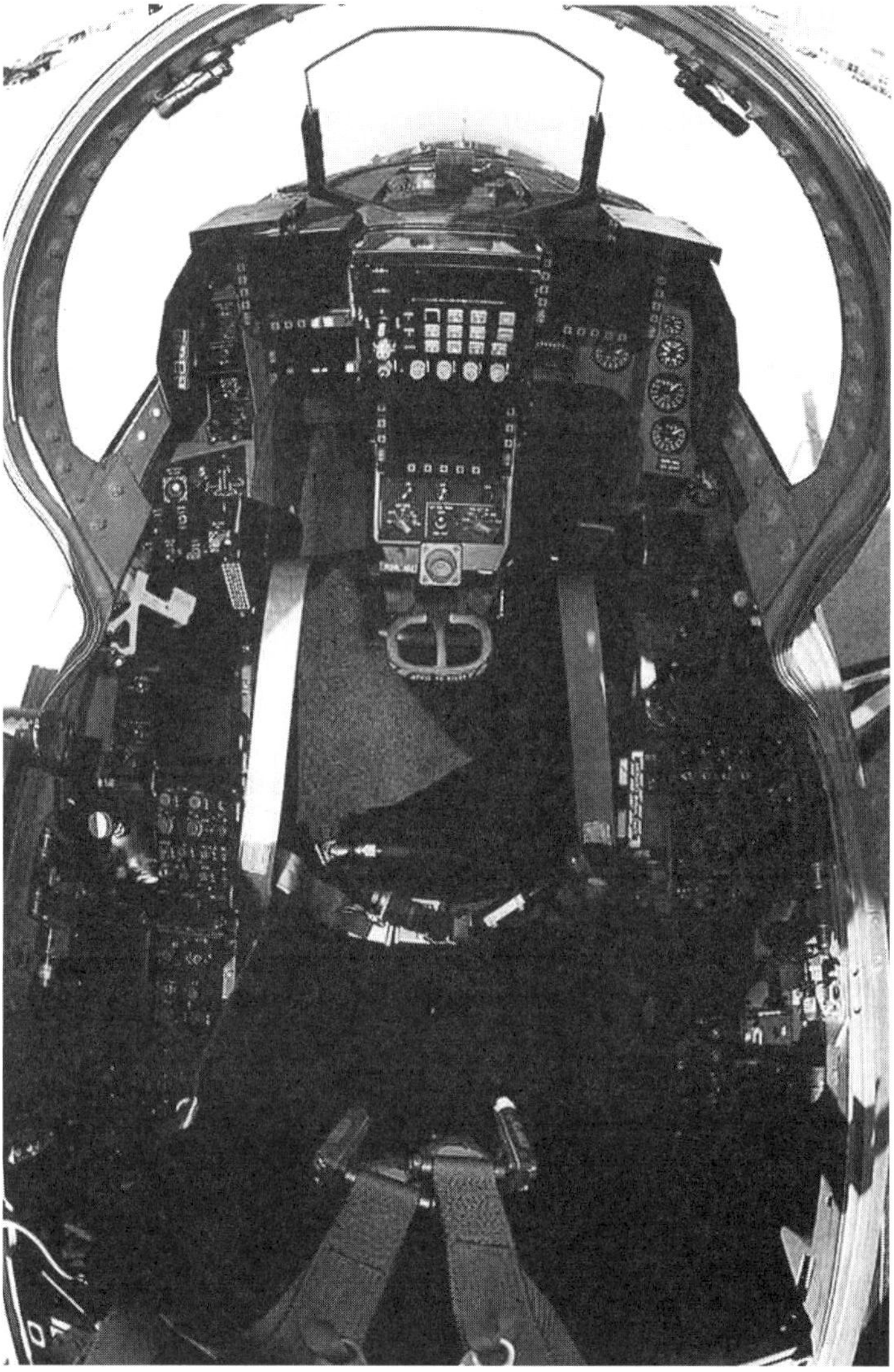

多機能表示装置を使用したF-2B前席のコクピット。正面には広視野型のヘッド・アップ・ディスプレイがあり、その下には統合型操作パネルが配置されている。その周囲に3基の多機能表示ディスプレイが設置され、航法、要撃、目標、兵装発射、警報、機体の各情報が表示される。(写真：伊藤久巳)

認」と「実用性の確認」を行なうことになっている。社内飛行試験はこのような官側による飛行試験に移行することができることを確かめるのが目的である。

ただし、民間会社は機関砲、ミサイル、爆弾などの武器兵装は扱わないので、社内飛行試験ではどうしても兵装を搭載した形態で飛行する必要がある時には、武器の外形形状と重量重心だけ実物と同じダミーを搭載して試験を行なうが、原則として兵装を搭載した形態は納入後に防衛庁の技術実用試験で実施することになっている。

したがって、各種の外部搭載物を搭載した形態は、強度的にも飛行性能／飛行特性的にも機体にとって厳しいので、会社が納入したままでは、そのような形態での急激な旋回や宙返りはできない。むしろ、いまだ確認していないことばかりなので、官の試験ではじめて機体に大きな荷重がかかることもあり、部分的な破壊を生じることも少なくない。

たとえば、重い爆弾やミサイルを左右翼下に搭載し、対地対艦攻撃時に急降下し片側の搭載物だけ発射すると、機体は左右のバランスを崩してロール回転するとか、左右の重い搭載物をいっせいに投下すると急上昇するなど、機体の運動が突然変わることはまれではない。

このようなことから、防衛庁と会社間の「次期支援戦闘機試作契約」が完了していても、飛行してみると不具合に遭遇することもある。むしろ技術実用試験では、問題がありそうな条件はすべて確認試験を行ない、実際、問題が起きれば、至急、対策をとって再試験を行ない、確認の上、その対策を製造するすべての機体に反映するか、あるいは、その条件では飛行禁止にして、飛行マニュアルに禁止であることを明記する。

技術実用試験で機体の強度も飛行特性（飛行の安定性、操縦性など）、飛行性能も問題ないことが確認されると、防衛庁長官から「部隊使用承認」が出されて、実際の運用が始まる。

ここが民間機と基本的に異なる点で、民間機では、会社が運用者に航空機を納入する時には、運用で行なう上昇、旋回、降下などすべての操縦要領について確認を終了し、国土交通省の航空局から「耐空証明」が出される。

## 試作機納入

XF－2初号機（FS－X初号機）の社内飛行試験は一四回の試験で終了し、平成八（一九九六）年三月二二日に引き渡し式を行ない、防衛庁に納入した。

引き渡し式には中島洋次郎防衛政務次官、村田直昭事務次官、村木鴻二航空幕僚副長、米国政府を代表してモンデール駐日大使、三菱重工の増田信行社長、LMタクティカル・システムのリー副社長、以下約二五〇人が出席し、神事に続いて代表者の挨拶があった。それぞれの挨拶の要旨を紹介する。

**中島政務次官**

「本プロジェクトは昭和六三年以来進めてきた日米共同開発計画で、両国官民の緊密な協力で完成に至った。日本は島国の特性上、着上陸侵攻阻止と対地攻撃は重要な任務で、そのためにＸＦ‐２は先進複合材、フェーズド・アレイ・レーダー等の新技術を採用している。今後は岐阜を中心に試験を進め、平成八年度での量産化予算の成立を目指す。ＸＦ‐２の開発は安全保障上からも大きな意義がある」

**モンデール米大使**

「今日は日米の協力上記念すべき日である。ＸＦ‐２の開発は日米安保体制の高邁な理想を達成することが目的であった。ＸＦ‐２は複雑で最も進んだ航空機で、政府間のみならず民間の努力が大きく寄与して、二か国の堅固とした同盟を顕す象徴になった。日米は平和、安定、繁栄、民主主義の理想を持っており、次世紀に向けて日本の防衛力を向上するとともに、相互運用性を航空の分野でも増やしていく。このプロジェクトの成功は、多くの分野で日米が協力すれば、大きなことができることを立証しており、将来の部隊建設は日米の同盟に奉仕することになろう」

FS-X試作３号機。３号機と４号機は複座型のF-2Bの試作機で、単座の１号機と、この３号機は火器管制レーダーを搭載していない。

増田三菱重工社長

「本開発計画は、日米双方にとって初めての本格的な戦闘機の共同開発で、プログラム誕生の経緯を顧みると、当初の共同開発の枠組み作り、さらにはプログラム進行とともに生じるさまざまな問題の解決は想像を絶する困難なものでした。これらを解決されてこられた防衛庁をはじめとする日米関係諸官庁の皆様の叡智とご努力、ご指導に対し、心から敬意を表します。

私どもはこの支援戦闘機開発の主契約者として担当させていただき光栄に思うと同時に、開発の玉成に向けて重責を感じております。この試作初号機のお引き渡しのあとも、一層気を引き締め、試作二、三、四号機と残りの試作機を防衛庁に計画どおりお引き渡しし、今後の技術実用試験の支援に最大限の努力を傾注致します」

村木航空幕僚副長

「日本の安全保障体制は日米協力により成り立っていますので、こうして共同開発により新しい戦闘機が出来上がり、誠に嬉しく思っております。ＸＦ－２初号機は受領後、航空自衛隊、技本により、三年にわたって技術実用試験を行ないます。試作機に付きものの大変な障害が今後待ち受けていることと思われます。しかしながら、日米協力によって作り上げた最初の戦闘機ですので、世界に冠たるものに仕上げなければなりません。Ｆ－２は二一世紀の日本の国防の一翼を担うものと確信しております。」

英国週刊誌『フライト・インターナショナル』（一九九六年三月二七日～四月二日号）にＸＦ－２初号機納入に関する記事が掲載された。ほかの新聞・雑誌にはなかった部分を抜粋する。

「ＸＦ－２は四機とも主に航空自衛隊岐阜基地で合計千回の飛行試験に使われる予定である。最初の試験はＸＦ－２のクリーン形態（翼下に外部搭載物なし）、および空対空ミサイル搭載形態の機能試験と飛行特性試験に集中して行なう予定である。試験は一九九七年、一九九八年にも続き、三菱重工製ＡＳＭ－２対艦ミサイルや空対地爆弾などの搭載形態の試験をする予定である。最終的には支援戦闘機任務の能力を評価し、さらに飛行領域拡大の可能性の評価を実施して終了することを予定している」

# 第9章　技術実用試験へ

## 計一二〇〇回の飛行試験

技術実用試験は、防衛庁技本が行なう強度試験と、技本と航空自衛隊飛行開発実験団が共同で行なう飛行試験があり、両者を合わせて「要求性能を満たしていることの確認」と「実用性の確認」を行なった。

これに使用したXF-2は、全機静強度試験には01号機、全機疲労試験には02号機、飛行試験には一、二、三、四号機の四機があてられた。四機の分担、およびこれにともない機体の外表面の塗装は次のように計画された。

FS-Xの開発当初からプロジェクトのリーダーとして技術的課題をクリアし、日米共同開発を円滑に進めた功績が高く評価され、平成8（1996）年12月、防衛庁技術研究本部（現防衛装備庁）より神田氏に感謝状が授与された。

（1）一号機の任務は、飛行性能確認と安定性、操縦性の確認

試作機の初号機はどの機種でも地上、海上にある時に上空から見て識別しやすい赤色ないし、赤に近いオレンジ色を胴体、主翼、尾翼および舵面の塗装に全面塗りつぶし、あるいは部分的に用いる。一号機の胴体は白地に赤のストライプ、主翼は白地に翼端部だけ赤いアクセント。

（2）二号機の任務は、空力荷重試験と電子戦システムの試験

特に任務の関係ではないが一号機と同じく翼端部は白地にオレンジ色のアクセント、胴体は上下とも白地に青色ストライプ。

（3）三号機の任務は、高迎角試験と対地攻撃システムの試験

高迎角試験にはスピン試験なども含まれるので、機体は急激に旋回したり、回転したりする。この状況を写真やビデオで記録し、検討する時に機体の姿勢を正しく判断できるように、主翼と水平尾翼の下面は赤、上面は白、ただし翼端は赤、垂直尾翼の右面は白、左面は赤、胴体上部の中央ストライプは青、下部の中央ストライプは赤にするなど、三号機の塗装は上面下面、右左がわかるように塗られている。

（4）四号機の任務は、外装品分離／投下試験と航法および火器管制試験

機体外表面の塗装は対艦攻撃の際、海上を低空で進出飛行中、上空から発見されにくいカモフラージュのため、試みに濃いめの青色が選ばれた。量産機の濃紺と青黒い迷彩塗装に比べるとかなり明るい色だった。胴体と翼の下面はスカイ・グレイ。

なお、LMが日本から移転した複合材一体成形技術によって試作した主翼を、この四機中、四号機の左翼だけに取り付けた。これにともない全機静強度試験と全機疲労強度試験の供試機の左翼もLM製として、強度上問題がないことを確認した。

平成八（一九九六）年四月から平成一二（二〇〇〇）年六月末までの間に一号機は約三五〇回、二号機と三号機はそれぞれ約三〇〇回、四号機は約二五〇回、合計約一二〇〇回の飛行試験を完了した。

## 初期の技術試験で判明した要改善事項

全機静強度試験機「01号機」は平成七（一九九五）年三月に東京都立川市にある防衛庁技本の三研に引き渡され、機体強度試験が実施された。ここで実施された全機静強度試験では、着陸時や飛行中に機体が受ける衝撃や揚力などの荷重に対する構造の強度を検証した。

エンジンや空調など各システムの装備品を搭載していない約三トンの01号機を鉄骨の架構と油圧アクチュエータを使って上下左右から空中に固定した。三八〇〇枚の特別なゴム・パッドを貼り付けた機体に百本近い油圧アクチュエータを取り付けてさまざまな荷重をかけた。荷重の増減に対応して発生するひずみをセンサーで検知し、負荷応力（単位断面積当たりの荷重）のデータを調べた。

試験は強度、剛性、機能の各分野を合わせて約一二〇項目に及び、安全性の見地から、設計段階で設定した荷重の最大一・五倍に対し、構造材の許容応力を超えないことを確認した。

三研では開発期間中のスケジュールに余裕のない場合でも、不具合に対しては正しく原因を突きとめ、必要があればすぐに補修して、試験でその妥当性を確認の上、製造中の量産機にも適用した。そのため運用開始後一五年以上経過した現在も、どの機体にも不具合はない。

軽量化とコストダウンを主眼に採用した複合材一体成形の主翼は前例がない。特に、強度試験機の左翼は、前述のとおり日米の生産分担合意に基づき、改造母機F‐16のライセンス元であるLMが製作して納めたもので、LMもこの静強度試験には高い関心を寄せていた。

したがって、この強度試験は官側に任せっぱなしではなく、常時、三菱重工の設計チームと構造試験研究課およびLM、川崎重工、富士重工の技術者が三研で試験準備、データ分析などの作業を分担していた。

三菱重工では「主翼を作ったのが日本でも米国でも大丈夫。硬い物をぶつけて凹んだり傷ついたりするのは在来のアルミ（ジュラルミン）でも同じだし、修理体制も整っている」と保証する。

一方、基礎研究を手がけた技本側では「一体成形の複合材は、ハンマーなどを誤ってぶつけた場合、表面は大丈夫でも、内部に意外なひび割れや亀裂が発生する場合がある」とし、試験内容の変更にともなう手作業の装置取り換えなど、従来以上に慎重に臨む方針だ、と表明していた。

平成一〇（一九九八）年七月頃までの強度および飛行試験の結果、改善事項の判明とその改善のため機体改修の実施をそれぞれ進めてきたが、試験の遅延が発生、また機体改修期間相当分の試験期間がさらに延長する見込みとして、防衛庁が同年七月二七日に「F‐2の開発期間の延長について」発表した。

これによると「F‐2の開発に万全を期すためには、現在の試験の進捗状況を踏まえれば、今回、試験計画を見直し、F-2の開発期間をやむを得ず平成一一年一二月頃まで（九か月）延長せざるを得ないと判断」された。

量産計画や部隊配備への影響については「平成一一年度末配備予定の量産初号機の具体的な配備時期については、最終的には、今後の試験の状況をみて確定することとなるが、いずれにせよ、これまでの試作機に対する改善は量産機の仕様に適切に反映してきており、現在、大きな要改善事項は判明していないので、上記のような開発期間の延長にもかかわらず、量産計画や部隊配備には影響ないと考えているところ」とされた。

この発表の参考資料によると、「試作機の主要な要改善事項とその改善策について」の対象となった事項は次のように七項目ある。

（1）地上試験に基づく解析作業を通じて、運用領域において、対艦攻撃のための特定の搭載形態時に、主翼に本来生じてはならない発散する振動（フラッタ）が生ずる可能性があることが判明→改善策：搭載物の搭載形態の見直しを実施。

（2）飛行試験およびこれに基づく解析作業を通じて、特定の条件の下で、航空機が飛行方向を軸に回転（横転）する性能を改善させることが必要であることが判明→改善策：舵面制御のソフトウェアを変更（フラッペロンの作動角度と水平尾翼の作動角度を変更）するとともに翼端付近および後胴の補強を実施。

（3）強度試験を通じて、主翼下面の搭載物取り付け等のために開いている複数の穴付近、フラッペロンの取り付け部付近等について、強度が不足していることが判明→改善策：穴の形状の変更、板厚の増加、ボルトなどによる補強を実施。
（4）飛行試験を通じて、コネクタの接続が不良であることが判明→改善策：当該箇所を含む、機体内部に極めて多数あるハンダ付け箇所の接着について、点検要領の見直し等を実施。
（5）飛行試験を通じて、発電機の過電圧検知センサーが誤作動することが判明→改善策：発電機等の配線の変更を実施。
（6）飛行点検時に、スタンバイ・ジェネレータ（予備の発電機）内の故障が判明→改善策：潤滑油の量の増加、バランス・ウェイト（重り）の取り付けの適正化を実施。
（7）地上走行試験中に、速い速度で走行した場合、前脚のステアリング機能が不適切であることが判明→改善策：速い速度においても、走行向きを変えるペダルの効きの適正化を実施。

## 全機静強度試験で判明した主翼の要改善事項

右の要改善事項に関する発表時には判明していなかった主翼関係の事項が翌年明らかになり、平成一一（一九九九）年六月、防衛庁は「F‐2静強度試験用試作機に於ける要改善事項の判明について」次のように発表した。
「現在、Ｆ‐２については、本年十二月頃の開発完了を目途に、所要の試験を行っているところであるが、技術研究本部第三研究所において実施している静強度試験中に、五月十三日、試作機の右側で異音が発生したので、技術研究本部において、その直後から目視検査等を行ったが、異常は認められなかった。したがって、同月十九日以降、超音波探傷及びファイバースコープによる検査を実施したところ、同月二十六日までに、右主翼内部構造に燃料通過用に開けられた穴の周囲のひび等が発見された。その後、同月二十九日から、三菱重工業に右主翼を搬入し、主翼上面外板をはずして詳細な内部検査を実施してきたところ、ほぼ損傷（要改善事項）の全容が判明しているところである。現在、原因の究明、改善方法の検討等を行っているところである」

この発表どおり、三菱重工名航に持ち込まれた右主翼の原因究明と改善方法の検討を進めている間に、三研では少しでも試験の予定を進めるために、右主翼に代わって荷重を伝えられるように鉄骨を組み立てたダミーの主翼を０１号機の右主翼位置に取り付け、左主翼に厳しい荷重のかかるケースの試験を始めた。

六月一七日、私が別件で三研に行き、強度試験場から少し離れた部屋で会議をしている時に試験の担当者が飛び込んできて、左主翼の内部で何か異常が発生したようなので、試験を中断して調査中だと告げた。

会議を中断して、皆と一緒に立ち上がった時、私は頭からも顔からも血が下がり、蒼白になるのを感じた。言葉も出なかった。一瞬後、皆と試験場に向かって急いだ。試験場では01号機の「右翼と同じようなところに異常があるらしいが、近づいても見えません」と言われたので、カメラを入れて写真を撮るように頼んで、隣の事務室でその他のデータを揃えるのを待った。ほどなく写真ができてきたのを見ると、私はほっとした。

左翼の異常がある場所は右翼の場合と鏡映しに同じ場所で、「ひび」の様子も内部構造の燃料通過用に開けた穴の周囲に鏡映しのように同じ「ひび」らしいものがあった。

荷重条件は同一ではなかったはずなので、よく検討してみる必要があると思ったが、これならば、右翼と同じ改善策を適応すればすむであろうと感じ、九死に一生を得た思いであった。

設計チームで大型コンピュータを能力いっぱいに使って詳細な強度解析を繰り返し実施していくと、三研の強度試験の結果と同じような破損モードとなる答えが得られるようになったので、これで改善方法を設定し、さらにこの改善方法で部分構造を作り、強度試験を実施した。

これらの検討結果を持って、技本の担当官と相談し対策を設定した。

防衛庁はこれをまとめて、同年八月一〇日に「F‐2の開発期間の再延長について」次のように発表した。（発表文書の初めと終わりの一部省略）

## 2　要改善事項の原因及び改善対策

### (1)　要改善事項の原因

○破面検査、解析計算、部分構造試験等により、左右両主翼に生じた「ひび」、「はがれ」の原因は、いずれも、主翼内部構造の特定部分に大きな力がかかったことによるものと判明。

### (2)　改善対策

○技術的な検討の結果、この大きな力を分散させる改善対策として、主翼内部構造の当該部分、及び同様の大きな力がかかる可能性がある箇所に金属による補強策を採用。

○改善対策の有効性については、現在までに、解析計算、部分構造試験により確認済み。

○また、解析計算によれば、改善対策を施した後に実施される静強度試験においても、主翼に特段の問題が発生するとの指摘はなされていない。

○改善対策の実施により、主翼に若干の重量増があるが、要求性能上の問題はなし。

## 3　試験計画の進捗状況

### (1)　静強度試験の中断

○本年五月及び六月の静強度試験の実施中に判明した左右両主翼の要改善事項に関する原因の究明、改善対策とその適用部位等の検討のため、静強度試験は約三ヶ月中断中。

### (2)　飛行試験及び疲労強度試験

○飛行試験については、静強度試験により確認された強度の範囲内で各種試験を継続中。
○疲労強度試験については、当初計画通り、既に平成十年度末に終了。

4　試験計画の見直しと開発期間の延長

(1)　静強度試験

○主翼に上記の改善対策を施した後に再開。試験は平成十二年二月までに終了の見込み。

(2)　飛行試験

○静強度試験で確認された強度の範囲内で現在も継続しているが、一部試験については今後の静強度試験の終了を待って実施する必要がある。試験は平成十二年三月までに終了の見込み。

(3)　試験計画の見直し

○このような状況を踏まえ、試験計画を見直し、F－2の開発期間を平成十二年三月まで再延長。

5　量産計画及び部隊配備への影響

○要改善事項に関する改善対策について、技術的に目処が立ったこと等を踏まえ、量産は継続。静強度試験により主翼の強度が最終的に実証された後に、量産機の仕様に適切に反映。
○量産機の具体的な配備時期については、最終的には今後の試験の状況を見て確定することとなるが、平成十一年度中の部隊配備を予定していた三機については、平成十二年五月以降の配備となる見込み。
○平成十二年度末に予定されている、F-1の減勢に伴うF-2による支援戦闘機部隊の改編（機種更新）の時期については、影響が及ばない見込み。

## 垂直・水平尾翼等舵面の要改善事項

主翼の要改善事項の件が落ち着き、不具合対策が一段落した頃、各種試験を続けていた平成一一（一九九九）年一〇月、飛行試験で今度は尾翼の荷重が予測値を超えることがわかった。

垂直尾翼の荷重オーバーに関する平成一一年一二月二〇日の防衛庁発表と、水平尾翼と後胴の荷重オーバーについての平成一二年五月二九日防衛庁発表で概要を示す。

『F-2の開発期間の延長について』（平成一一年一二月二〇日、防衛庁発表の抜粋）。

1　F-2の開発
○その後、本年一〇月の飛行試験実施中、遷音速領域における特定の飛行形態において、設計荷重を超える計測値が認められたため、現在まで、原因の究明、改善対策、今後のスケジュール等について検討を行ってきたところ。

2　事象の概要・原因及び改善対策

(1)　事象の概要

○特定の空対空形態（空対空ミサイルを八発搭載した状態から四発を発射し、翼端側に各二発、計四発を残した状態）で、遷音速領域において水平飛行から背面飛行に横転を実施した際、垂直尾翼に予測値を超える荷重がかかることが計測され、一部に設計荷重を数パーセント超える値が認められた。

(2)　事象の原因

○飛行試験の追加実施によりデータを取得し、実際に記録された計測値を再現できるように計算プログラムを修正して解析したところ、本事象は、右記の形態で空気密度の濃い低高度においてほぼ音速で飛行している際に横転を実施した場合に主翼下のパイロンの存在によって変化する高速の空気の流れによるものと判明。

(3)　改善対策

○技術的な検討の結果、舵面制御を司る飛行制御プログラムの改修及び垂直尾翼の補強を実施。

○改善対策の有効性については、現在までに解析計算により確認済み。

○他の形態及び部位について調査した結果、水平尾翼に設計荷重の範囲内ではあるが計測値に予想値を超える場合があったので、原因については分析を継続。

3　試験計画の見直しと開発期間の延長

○現在の試験計画に対して、垂直尾翼の改修及び取り付けの期間、垂直尾翼改修後の確認のための飛行試験の追加実施が必要となるため、試験計画を見直し、F-2の開発期間を平成十二年六月まで延長。

『F-2水平尾翼に係る検討結果と対策について』（平成一一年五月二九日、防衛庁発表）

1　経緯

昨年十二月、垂直尾翼の荷重過大に関する改善対策を検討した際に、他の形態及び部位についても調査したところ、水平尾翼に設計荷重の範囲内ではあったが、飛行試験における計測値に予測値を超える場合があったので、風洞試験を追加実施するとともに、飛行試験を継続して得られたデータを解析し、原因について分析を継続してきた。

2　事象の把握

風洞試験及び飛行試験データを分析した結果、一部の低高度高速飛行領域における空対空形態において急激な横転を行う際に、設計荷重を上回る荷重が水平尾翼及び後胴部分にかかることが予想されることが判明した。

3　原因の究明

本事象は、空気密度の濃い低高度において、高速で飛行している際に急激な横転を行う場合、

最終艤装作業を終えたF-2量産初号機。左後方の機体は定期整備中のFS-X試作１号機。F-2は平成19（2007）年度予算ですべての発注が終わり、量産型のF-2Aは62機、F-2Bは32機（合計94機）で調達が終了した。試作機４機を加え、生産総数は98機であった。

主翼に生じる変形により、主翼から水平尾翼に吹き下ろす空気の流れが影響を受け、水平尾翼の荷重が過大となるとともに、後胴部分をねじる力が過大となったものであった。

4　対策

(1)　全ての飛行領域において、設計荷重超過がないよう飛行制御プログラム（舵面制御を司るもの）を設定し量産機に適用する。（著者注：これは飛行制御ソフトウェアを自ら開発したので可能だった。もし国外の会社に依存していたら、おそらく一年は遅れたであろう）

なお、かかる措置により、一部の飛行領域において横転に要する時間に若干の影響が出ることとなるが、要求性能を満足でき、部隊運用上の支障にはならないものと考えている。

(2) 横転に要する時間に対する影響の極小化については、開発終了後も引き続き検討していく。

5 開発期間及び部隊配備への影響

(1) 開発は、予定通り本年六月中に終了の見込みである。

(2) 量産機の部隊配備は、本年九月以降順次配備となる見込みである。

(3) 平成十二年度末に予定されている、F‐1の減勢に伴うF‐2による支援戦闘機部隊の改編の時期には影響が及ばない見込みである。

## 量産機への改善事項の反映

平成一〇（一九九八）年から一二年は、技本にとっても三菱重工にとっても厳しかった。しかし、官民のXF‐2開発関係の優れた技術者が一致協力してよく頑張ったおかげで、平成一二年六月末に技術実用試験を終了し、同年九月一二日に装備審査会議で「実用性あり」の評価がなされ、九月二二日に防衛庁長官の部隊使用承認を得ることができて、「F‐2」の運用が開始された。

開発を有終の美で飾るのは、部隊運用開始のための量産機納入期限の達成だった。

F‐2の量産初号機が初飛行をしたのは、平成一一（一九九九）年一〇月一二日で、垂直尾翼の荷重オーバーが認識された頃であった。量産機は平成一三（二〇〇一）年三月末までに第一次契約と第二次契約を合わせて一九機、納入することになっていた。

一方、納入前にその全機に技術実用試験結果の改善対策を実施して納入しなければならないので、大規模な作業が予想され、下手をすると大混乱に陥ることが心配されたので、三菱重工名航は小牧南工作部に、「F‐2量産一九機納入管理班」を平成一二（二〇〇〇）年二月に作った。

工作部だけでなく、品質管理部、資材部、社内飛行試験を担当する飛行管理課などを中心に、全所を挙げて総力で取り組み、目標達成の一歩手前まで来た時、一八番目の機体で振動問題が発生した。この問題はなかなか解決せず三月末までには間に合いそうになかったので、何とかして解決して納入したいとして防衛庁調達実施本部（現・防衛装備庁）に申し出て、納入を遅らせることとした。

振動の原因究明と対策実施には、結局、約一か月を要し、平成一三年五月二日に全機の安全を確保して一九機納入を完了した。これについては五月二日に以下のような防衛庁発表があった。

「先般、納入が延期された支援戦闘機（F‐2）平成九年度契約分最終号機（第八五一六号機）については、三菱重工業（株）において調査・分析及び改善を行った結果、納入延期の原因となった事象[*]について、その原因が解明され[**]、改善措置が施された。このため、当該機については、五月二日をもって受領することとしたところである。

（＊）地上においてエンジンをアイドリングさせている状態で、補助翼を動かした際、機体の振

F-2量産初号機の防衛庁への引き渡し式が小牧南工場において盛大に行なわれた（平成12年９月25日）。式典には鈴木防衛政務次官をはじめ、竹河内航空幕僚長、米第５空軍司令官ヘスター中将、西岡三菱重工社長ほか約200人が出席し、初めての日米共同開発機の完成を祝った。

動が他機より大きいという事象

（＊＊）一部部品（フラッペロンの取り付け金具）の取り付け位置が若干ずれていたため、同部品を交換した結果、上述の事象は発生しなくなった」

## 量産初号機納入式

前後関係は逆になったが、平成一二（二〇〇〇）年九月二五日に量産初号機引き渡し式が、鈴木正孝防衛政務次官ほか約二百人の出席により、三菱重工小牧南工場で行なわれた。鈴木政務次官からは、「真心のこもった仕事が、Ｆ‐２量産初号機の引き渡しというかたちで実ったことに、心から感謝する」と祝辞があった。

天候不順のためこの日は初号機の空輸は行なわれず、一〇月三日に三沢基地に空輸された。

# 第10章　米国の評価

## 日本への技術移転の厳しい制限

第3章で述べたように、一九八七（昭和六二）年一〇月、FS－XはF－16をベースに日米共同開発と決まり開発が行なわれたが、本章ではそれに関する米国の評価を紹介したい。

話は一九九三（平成五）年に戻る。

F－16の技術移転に関する日米交渉は一九九三年も続いていたが、日本としてはFS－Xの飛行安全を確保するため、主要なサブシステムや装備品は日本で製造できるようにしたいと考えていた。

そこで「米国製装備品は米国製を購入せよというのが米国の方針のようだが、ライセンス生産をさせてほしい、もしライセンス生産が認められないなら装備品を国内開発するしかない」と主張し、結局それが実現し米国の思惑は外れた。

一九九二（平成四）年に行なわれたモックアップのプレスリリースのあと、思い出したかのように米国からひさしぶりに、日本へのF‐16の技術移転に関する報告が伝えられた。

議会への調査報告で知られたシンクタンクのランド社の報告一件と米国会計検査院GAO（General Accounting Office）の報告二件である。

ランド社の空軍プロジェクト年次報告『トラブルド・パートナーシップ一九九三年度（平成五年度）』の第8章ほかを要約するとFS‐Xの共同開発にともなうF‐16の技術移転については次のようになる。

「日本独自の研究開発を阻止することを国防総省が目標とし、この結果日米共同改造開発となったために、共同開発のベースとして必要な米国の改造母機の技術を日本に移転する枠組みとなった。

ところが、米国の先進航空宇宙技術を、米国に対し最も冷酷な経済上の競争相手に、意味のある見返りもほとんどなしに前例もない贈与をする代表例であると信じる人たちが、評論家や米国の議会その他に多数いた。彼らはまた、日本が米国製戦闘機を購入することを拒否したのに憤慨し、米国の雇用の増大と、貿易赤字の低減に寄与すべきでありこのために米側のワークシェアを確保すべきことも吹聴した。

このため、米政府は、米議会への配慮から経済面の影響を心配して、米国の技術資料の日本への移転に対し厳しい制限を課すに至った。しかしこれはかえって米国技術の供与がない部分すなわち日本独自開発部分を増大させることになり、結果的に日本独自の軍事技術の発展を促すこととなった」

不遜な言い方かもしれないが、欧米で実現している技術は、技術資料はなくても、必要な資金と「できたという正しい情報」があれば少なくとも類似のものはできる。米議会の人たちはそういうことをご存じないのだろうか。まして日本ではCCV研究機で飛行制御則を作ったと報告してあるのだからブラック・ボックスにしておけば飛行制御ソフトウェアはできないだろうというのは、あまりにも日本を見くびっている。

## 米国会計検査院（GAO）の報告書

GAOの報告書『日米FS‐X開発計画の近況』（一九九二年六月）の要旨は次のとおりである。

「F‐16のソフトウェアや設計の機密資料の開示は差し止められている。さらにF‐16の重要技術を保護することは米国の開示方針によって厳密に実施されてきた。

またF‐16関係の資料の日本に対する開示について、米国は適切に管理してきた。F‐16SPO（System Program Office）は、一万五百点以上の技術資料や図面を、その補足文書とともに、確立された手順に従って点検してきた。その約九五パーセントがそのまま、あるいは改訂の上、日本に開示することが認められた。

しかし、機密になっているソフトウェアや一部の資料の開示は差し止められている。三菱重工は開示が拒否された文書のうち二五〇点については約束と違うので開示するよう、SPOに要求した。再点検は大半が終了しており、これらの文書のうち五一点が開示を認められた（著者注：その後一九九四年七月までに計約九〇パーセントが開示を認められた）」

第3章で紹介したMIT報告書と同様に、GAOの『アジアでは技術の取得により航空機工業が発展』という一九九四年五月の米国議会への報告書では、日本の主として旅客機の開発技術力が向上してきて、民間航空機産業を席巻することを心配する人が少なからずいることを記載していた。そして、この理由でF-16の飛行制御ソフトウェアの対日移転を禁止したのだが、逆に私たちが喜んで国内開発したのである。以下、米国議会への同報告書の要旨である。

「GAOが訪問したアジアの四つの国、日本、中国、インドネシアと台湾はそれぞれ独自の航空機工業会社を作る意図が見えた。これらの国では西欧で発展した技術を取得し、その技術によってより低コストで航空機用製品を製造し、その製品を長い時間をかけて改良しようと取り組んでいた。しかも、これらの国では国内に研究開発施設を建設して、入手した技術を向上しようとしていた。この進め方を注意深く進めれば、これらの国では、工業的、技術的な能力を、白紙から育成するのに要する期間に較べて、ごく短期間に育成することができる。

GAOが訪問したアジアのどの国でも、独自の航空機工業を育てるために似たような方法を採っていた。本質的に、その方法には次のような特徴がある。

(1) 政府の強力な支援。

(2) 外国からの技術の導入。アジアの各国は独自に技術を開発する代わりに製品とその製造技術を輸入するのが普通である。

(3) アジアの各国は、理論的、基本的ではなく実用的な研究への重点指向が強く、ほとんどすべての研究の成果は下流の商業的な利益を生むものと期待されている。

(4) アジアの各国では軍用機と民間機の製造作業を必ずしも厳密に区別していない。機械や治具、技術を身につけた人の場所を軍用機製造場所から民間機製造場所に移動することができるということはアジアの航空機工場の柔軟性を示すことになる。たとえば、日本の大きな航空機会社では、軍用機の組み立てラインと民間機の組み立てラインを隣どうしに並べて設置してあることが少なくない。一つのラインで訓練した作業員が、隣のラインに移ることは時々ある。軍用機プロジェクトのために政府が購入した高価な複合材成形設備が、その後に民間機の部品製造に使われている（著者注：会社が購入して軍用機製造に使った機械を、その後民間機製造に使っているのを見聞きしたのではないかと思われる）。

このように入手した技術は、直接的に相乗的に軍用プロジェクトと民間航空機プロジェクトに交互に使用される。このような仕組みを使って、アジアの国々は世界的な民間機市場のある分野で積極的に競合するようになった。アジア各国の努力は、現在、航空機部品に向けられているが、ある国（日本とインドネシア）は明らかに、また、その他のある国も短距離旅客機を製造する技術と専門知識を獲得した。

それぞれの取り組み方が互いによく似ているにもかかわらず、アジア各国の航空機工業は、政治的、経済的な環境が異なるために等しく発展しているわけではなく、異なる速さで発展を続けるものと思われる。

近い将来にアジアの航空機メーカーが直接、米国の航空機メーカーと張り合うようになるとは思えない。むしろ、次の理由から何らかの協力関係になることのほうがありそうに思われる。

①米国のメーカーは、たとえその会社のアジアのパートナー向けであっても、その会社の重要な技術を移転することには強烈に反対するであろう。

②日本はアジアの中ではただ一国、ジェット機を設計し、製造できる国であるが、日本が新しい航空機の計画を西欧の会社との協力なしに始めるとは考えられない。

③大型民間機の場合には開発費用が急騰しているので、どんな新機種計画でもパートナー会社の協力なしにはできない。

それでもなお、長期的には、協力するための航空機技術をアジアの会社に移転することは、米国の航空機工業の新しい競争相手を育成するのを手伝うことになりかねないとある航空機工業会社で心配している人がいる。

海外のサプライヤーとの競合の結果が、米国内の土台になっているサプライヤーの規模縮小の要因となった。たとえば、F - 15のアクチュエータを生産するために米国の会社から技術支援と製造支援を受けた日本のある会社は、従来、ボーイングの航空機部品を供給してきた米国の会社に勝って、ボーイング777航空機のアクチュエータの契約を獲得した」

この報告書にあるように、米国としては、日本に新技術のライセンスを渡すと、日本に航空機産業を席巻されることが心配だったのである。

## 「独自開発に近い大規模改造」

前述のランド社の「空軍プロジェクト年次報告『トラブルド・パートナーシップ一九九三年度』の巻末に近い第一二章に「独自開発に近い大規模改造計画」という項があり、米国がFS - X開発をどのように捉えていたのかが記載されている。

ランド社のマーク・ローレルがよく調べた結果、結局日本の言い分を理解し、私の考えに一致するところが多いので、前章までの内容と重複する部分はあるが、興味深い部分だけ、それでもかなり長いが、紹介する。

「四年弱の実際の研究開発が済んで、FS-X開発計画の実体は最初のDoDの構想から大幅に離れていったように見える。外見上はFS-XはいまだF-16によく似ているが、これはイスラエルが独自開発した戦闘機ラビの試作機の多数の要素設計の場合も同じだった。これは、米国政府にとって一種の勝利を表していると結論づける人もいる。しかし、見かけだけでは当てにならない恐れがある。

FS-Xの機体は、日本が初めて共同開発に合意した時に特徴として挙げたとおりの、標準的F-16の胴体を四〇センチ延長し、新しいキャノピとレドームと、LMが設計したアジャイル・ファルコン/SX-3(F-16の能力向上型)の主翼を付け加えただけの機体とは異なる。

一九九〇年末にロバート・イーグレット准将が指摘したとおり、FS-XはF-16の図面を九五パーセント以上変更したものになっている。三菱重工は、基本的に典型的な改造計画の場合、発生する設計変更作業をはるかに超えた設計作業を行なうための参考資料として、また出発点として、現状のF-16の設計を使ったのだ。

まったく皮肉なことに、一九八七年に日本に押し付けたと思われたFS‐Xの共同開発という取引は、日本企業から見ると、純粋な独自開発よりもいろいろな面でよりよい取引だったのだ。まったく新しい何の試験結果もない白紙から取り組むよりも、日本の技術者は、このようにして、F‐16の技術資料を使って実証済みのF‐16の基本設計に興味深い設計変更を加えつつ、より大きなかつリスクの少ない実験アプローチを行なうことができるのである。

こうして、共同開発の計画は日本企業に、設計とインテグレーションの技術を研《と》ぎ、さらなる独自技術と独自のサブシステムの開発に利用する柔軟性を十分に与えることになる。

このようなことはFS‐Xの主翼の平面形と内部構造からわかる。主翼はGDがもともとアジャイル・ファルコンの提案書のために開発した三七五平方フィートの拡大翼におおむね似ている。しかしながら、FS‐Xの主翼は、日本の設計者たちがGDのデータをわずかしか適用せず、全面的に新しい設計をしたものになっている。

SX‐3/アジャイル・ファルコン主翼について日本が受領したデータはどう見ても未熟だった。GDはGD技術者が実際の主翼設計に参加することを期待していたが、日本の技術者は名古屋のFSET（設計チーム）の外で独自に設計した。GDは主翼の設計に参加するように空力技術者を数人送り込んだが、日本側はその人たちを主翼設計作業に入れようとしなかった（著者注：この点は誤解されている。GDから来た空力技術者は各社帰任まで終始一人だけだった。その一人はずっと空力班で設計に参画していた。したがって実はGD設計者は主翼設計作業に参画していたのである。また、主翼の風洞試験はFSETの外で行なったが、空力設計はFSET内で行なった。そのレポートは設計室内にあったし、技本で開かれた数回の技術審査会ではGDの技術者も出席している場所で出席者全員がわかるように報告した。もしGDの技術者が数人、主翼の設計に参加していたとしても、本書第4章の「GD技術者の口封じ」に書いたように、F-16の主翼の空力設計法は米国の秘に触れる可能性があり、これを日本の技術者に開示したとは考えられない）。

主翼はその結果、アジャイル・ファルコンの設計をベースにしたGDの主翼の提案とは異なるものになった。アスペクト比（縦横比）、翼厚、細部の平面形々状、その他の寸法も異なっていた。あるGDの幹部は、「これはアジャイル・ファルコンの翼というより、ノースロップF-5の主翼を拡大したものに近い」と言っていた。

主翼の細部設計と構造はさらに劇的に異なっていた。このように、日本の設計者はGDの技術者が主翼内部の桁や支持構造を設計する時になじんできた考え方や強度の計算法とはまったく異なる考え方を適用した（著者注：GDの主翼は金属製、FS-Xの主翼は複合材一体成形なので、強度計算法も、材料も、成形加工法も、製品の検査法も金属の場合とはまったく異なり、同じになるわけがない。さらに原書では主翼のみならず、尾翼も、レドームもキャノピ、風防も形状や材料が変わり、伝統的な金属構造はGD担当の後胴だけになったことを延々と説明しているが、すでに本書の第四章で説明したので省略する）。

大規模な設計変更はほとんどすべて日本の技術者が実施した。三菱重工は、FS‐Xの研究開発作業については、ほぼ完全に設計およびそのほかの技術の管理を行なった。日本側はほとんど米国人の参画なしに重要な設計と技術の決定をすべて行なった。実際、日本の技術者は空力設計作業をFSETから離れた場所で実行した（著者注：そんなことはなかった）。

三菱重工は、ほとんどすべての機体とアビオニクスのインテグレーション作業を日本の装備品メーカーと協力して独自に実施した。

これと同様にFS‐Xに組み込まれた主要なサブシステムや装備品は、ますます日本の独自の技術、または日本で改造した米国製品を適用するようになった。その傾向は、たぶん一九九一年に日本が一二二件のサブシステムと装備品をライセンス生産する権利を要求したのに、その大部分を米国が拒否したため拡大したのであろう。

FS‐Xは完全に新しい〝グラス〟コックピットと呼ばれる三つの大きいカラー液晶の多機能ディスプレイの計器盤と、新しい視野の広いHUD（ヘッド・アップ・ディスプレイ）を搭載することになる。そしてもちろん戦闘機の中で最も重要で複雑な四つのアビオニクス・システム、火器管制レーダー、慣性基準装置（IRS）、ミッション・コンピュータと電子戦システムは計画の初期から企図していたとおり、独自開発となった。しかも、飛行制御コンピュータ、飛行制御則とその周辺のコンピュータのソフトウェアは日本人によって開発され、インテグレートされた。

機体の特性として、FS‐Xは大幅に改造されたF‐16とでも、あるいは根本的に新しい戦闘機とでも主張することはできる。既存の戦闘機に設計変更を集積し、新しい技術やサブシステムを組み込んで、実質的に新しい戦闘機にしたことを、改造というか新規開発というかは解釈と判断の問題である。FS‐Xの場合、明らかなのは、改造と新技術の組み込みが大幅に行なわれ、日本の企業がその仕事を実行していることである。

サーブJSA39グリッペンは、スウェーデン空軍の1990代後半から21世紀にかけての主力戦闘機として開発され、1988年に初飛行、1993年から量産が開始された。水平尾翼がないデルタ翼とカナードが特徴で、戦闘、攻撃、偵察が1機種で可能な多用途機（マルチロール）で、運用コストの軽減を実現している。

スウェーデンの戦闘機グリッペンとイスラエルの戦闘機ラビの特性として、本質的には独自開発の戦闘機だと主張できる人は少数であろう。どちらの場合もイスラエル、スウェーデンの国内の会社が、日本の企業がFS‐Xで行なっているように、それぞれ自国の戦闘機の設計、開発とインテグレーションの指揮をとった。スウェーデンの戦闘機はまったくの新設計であった。一方、イスラエルのラビの胴体はFS‐XのようにF‐16に似ており、カナードと新しい主翼を取り付けた。また、FS‐Xと同様にラビもグリッペンも米国のエンジンを使用している。しかしながら、日本と異なってスウェーデンもイスラエルも細部設計と主翼の開発は外国の会社（ラビはグラマンに、グリッペンはブリティッシュ・エアロスペース）へ下請けに出した。この両国は同じ会社、米国のリア・シーグラー社と飛行制御コンピュータのソフトウェアを製作する契約を結んだ。イスラエルとスウェーデンの戦闘機は主要なアビオニクス・システムとともに、サブシステムと装備品に米国製品を大幅に使用している。

これとは対照的に日本はFS‐Xの主翼や中部胴体をF‐16のデータをベースラインにして設計し、生産技術を設定した。日本の技術者は主翼、尾翼、中部胴体のために、独自の材料システム、治工具、設計思想を開発している。また、飛行制御則を独自に開発し、自分たちでソフトウェアを作成した。彼らは垂直カナードは採用しなかったが、少なくとも五つの日本で開発したCCVの機動能力を飛行制御システムと舵面の設計に織り込んだ。そのほかにも、液晶ディスプレイ、電子戦技術など、戦闘機の鎧、兜をすべて独自開発で揃えている。

このような比較を前提にすれば、『FS‐Xは継《つ》ぎ接《は》ぎ直したF‐16ではなく、新しい戦闘機だ』という見方が三菱重工では広く認識されているという話のとおり、松宮空将が『FS‐Xは現代のゼロ戦』と主張していることは確かに理解できる」

## 開発成功について

初飛行の頃にいくつか米国の評価に相当するレポートや新聞記事があった。

平成七（一九九五）年九月一四日付の『朝日新聞』の記事は以下のとおりである。

「新型支援戦闘機FSXは、米政府の強い要請で日米共同開発となったが、米側の省庁間や議会の足並みの乱れから多くの部分で日本の独自開発を許し、通産省や日本メーカーの思惑通りになってしまった――米カリフォルニアの政策研究所『ランド』が、日米摩擦の焦点ともなったFSX開発をめぐり、米側の取り組みを批判する報告書『トラブルド（苦悩の）パートナーシップ』をまとめた。防衛戦略と貿易不均衡解消のねらいがぶつかりあい、アブハチ取らずになった、というのがその分析結果だ。

FS‐X開発構想は一九八二年にスタート、日本の独自開発構想もあったが、米国の強い要請で、八七年に米国との共同開発を決定。来年度予算の概算要求に盛り込まれている。

分析によると、米国防総省は日本が独自開発に踏み切れば『長期的に見て日本が米国依存を脱し、より独立性の高い安全保障政策をとることになる』という防衛戦略上の懸念から共同開発を要請。『日本の独自開発部分を極力少なくさせる』ため、米既存の（著者注：対地攻撃に使われる）支援戦闘機『F-16C』をモデルに開発することを了承させた。

ところが、当時、対日貿易赤字の増大に強い不満を持っていた商務省や議会が『技術を提供すると日本企業の競争力を高めることになる。高度な技術は、その内容を秘密にした「ブラック・ボックス」にしたまま、日本に購入させるべきだ』などとして、国防総省の方針に口をはさんだため『一本化した方針がとれなかった』という。

『独自開発による日本メーカーの技術力養成』が真のねらいだった通産省と日本メーカーは、かなりの部分に独自デザインを導入。米側が『日本には開発できない』とみくびっていた飛行管制用のコンピューターソフトも独自に開発した。

また、日本側の一部に懸念のあった、日本の技術の米国への移転についても『日本の技術力への過小評価もあって、米国に意味のある技術は十分にわたらなかった』と報告している」

実際には複合材技術はＬＭのみならずボーイングにも移転され、７８７の構造の複合材化に大きく貢献した。

平成七年九月二〇日付の日本経済新聞の記事は以下のとおりである。

「日米が共同開発した次期支援戦闘機（ＦＳＸ）についての米国のシンクタンク、ランド（カリフォルニア州）が、この開発計画をほぼ失敗と見なす批判的なレポートをまとめた。

『トラブルド・パートナーシップ』と題したこのリポートは、失敗のポイントとして①米国は共同開発を押し付け、日本はそれを不本意ながら受け入れた②最終設計や航空技術の開発でもっと米側の影響力を強めるべきだった③米政府は日本の軍事力を過小評価した④米国にはこの開発の軍事的、経済的目的を統合するような戦略がなかった⑤米国の技術移転政策にそもそも誤りがあった――の五点に要約している。

この結果、日本の純国産化に歯止めをかけようとした米国の意図は外れ、『日本の産業界は最小限改良したF‐16を、（事実上の純国産機である）ライジングサンファイター（日の丸戦闘機）に変えてしまったが、米側にはそれを阻止する力はほとんどなかった』としている。さらに今後、両国は量産化に向けて了解覚書（MOU）を再び交わす必要があるが、依然、計画の中断やキャンセルの可能性があることも指摘している（後略）」（著者注：実際は量産も実現した）

戦後の航空禁止の頃からの背景に始まる「航空日本再び羽ばたく」という記事が平成七年九月二二日付の『産経新聞』（ロサンゼルス支局長高山正之氏）に掲載された。

「ルーズベルト大統領は昭和二十年春、終戦を待たずに死んだ。しかし、死ぬ前に日本へのお仕置きを言い残していった。『彼らにゼンマイ仕掛けの飛行機も持たせてはならない』と。この遺書は同年十一月十八日付で総司令部（ＧＨＱ）から『連合軍最高司令官覚書（ＳＣＡＰＩＮ）３０１号』として発布された。いわゆる航空禁止令である。零戦からグライダーまでおよそ飛行機と名のつくものはすべて打ち壊され、三菱、中島などの生産ラインも廃棄され、大学では流体力学など飛行機に関する研究、授業が禁止された。（中略）

航空〝ロボトミー〟政策（著者注：航空禁止令）は昭和二十七年の講和条約調印とともに終わる。しかし、空が返されたからといってすぐに日の丸機が飛び立つものではなかった。再建しようにも技術も人材もなかった。それがいかに難事業だったかは皮肉にも戦後初の国産輸送機「YS・11」が証明している。潤沢な資金を使い、戦前の名機の設計者がぞろり顔を並べながらエンジンはロールス・ロイス、プロペラはダウティ・ロートルと、肝心の内臓はすべてが外国製。『でも設計は日本の頭脳が』というが、その設計図で作った一号機はプロペラの端が地面を掘り返して、慌てて短く切っている。かつて零戦を生み、自動フラップという卓抜したアイデアを持った紫電改、世界一周飛行を果たした九六式陸攻を送り出した航空ニッポンはもはや死に絶えたとしか思えない寂しさがあった。ルーズベルトのロボトミー政策は予想以上の成果をあげていたわけだが、米国はその後も手を緩めなかった。リハビリどころか逆に『米国はその同盟国が自国製の強力な兵器システムを確立するのを極力押さえ込んできた。とくに日本に対してはそれは強く発動された』（前述の報告書）。早い話が技術を最も問われる航空自衛隊の主力戦闘機の国産化つぶしである。

米国はこの政策に沿ってF・104、F・4などをそっくり買わせ、あるいはライセンス生産させてきた。その結果、日本はいつまでもドンガラだけ作り、その中身、火器管制とかロックオンシステムとかの技術は米国が握ったままで、有力な航空機メーカーには決して成長させてもらえなかった。同時に日本は常に米軍事産業の上得意であり続け、ロボトミー後遺症はまとわりついたままだった。

と、まあ、敗戦国の悲哀を長々書き連ねたが、実はつい先日、ランド研究所から日本の次期戦闘機（FSX）についての報告書『つまずいた同盟関係』が発表された。それが驚いたことに、日本航空界にしてやられた〝始末書〟ともいえるものだ。全文四百ページの報告書は米空軍の委託研究で、内容は『米国が国家の安全保障と経済性という二兎を追うあまり日本側に渡してはならない技術を与えてしまい、日本をしてトップクラスの航空機メーカーに仕立ててしまった』という悔恨の言葉に満ちあふれている。

今回のFSXは完全国産を主張する日本に対して米国はゼネラル・ダイナミックス社のF-16をベースに『日本が少々の改良』を加える折衷案を出して日本政府を説き伏せた。

『しかし』と報告書はいう。米政府内での政策が揺れ動き、『高度の技術がどんどん日本に移転され、今月飛行試験を迎えるFSXは外観こそF-16に似ているものの中身は大違い。多目的、高性能機に生まれ変わっている』と指摘。『米国は日本の技術と能力をあまりに低く見積もりすぎた』と反省し、『日本は次の支援戦闘機を完全に国産化するだろう』と二兎を追って結局、ルーズベルトの遺産を食いつぶしたことを認めている。

戦後五十年。再起不能と思われた日本航空産業界が実はしたたかに踏ん張り、立ち直ったことをこの報告書は伝えている。日本って捨てたもんじゃない」

私たちは、FS-Xの開発がうまく行ったからと言って、「日本の航空産業界が立ち直った」というほど世界の情勢は甘くないと考えるが、私たちの仕事が評価されるのは嬉しい。

なお、ルーズベルト大統領が日本に対して航空禁止令を出した理由に人種差別を挙げる意見もあるが、むしろ史上初めて直接米国(ハワイ)を攻撃し、太平洋艦隊を打撃したことが理由だという説の方が私は受け入れやすい。

## 世界レベルの戦闘機の開発技術力

一九九五(平成七)年八月に出されたGAO(会計検査院)の議会宛の報告書、その表題は『米国と日本の共同開発—XF-2計画の進展は日本の航空宇宙に関する能力を増強』という報告書では、「F-16を大幅に改造することによって、日本は国内開発で考えていた構想や技術を最大限に織り込むことができた。この結果、日本は将来の自衛隊機を米国企業に依存することを減らしていくだろう」と書いている。

量産型のF-2。手前の106号機（機体番号03-8106）は、宮城県松島基地の第４航空団に配備されており、東日本大震災発生時、同基地を襲った津波により損傷、大きな被害を受けた18機のうちの１機で、平成27（2015）年に修復１号機として復活した。損傷機のうち13機が修復されることになったが、それを可能にしたのはF-2の機体の多くが日本の技術によって開発・製造されたことが大きな原動力になった。（航空自衛隊）

一九九六年三月二二日付の『ウォール・ストリート・ジャーナル』は、「FS・Xのような日米共同開発プロジェクトは、日本の防衛関連企業が発展する刺激を与えることとなり、かつ武器輸出禁止をゆるめるように働くことを、ワシントンは心配している」と書いている。

これらはいずれも日本が世界レベルの戦闘機の開発技術力を習得したことを認めているものと考えられる。

念のため付言すると、開発技術力を習得したのであって、買い取ったわけでも、もらったわけでもない。特に新しい技術は、デジタル飛行制御も複合材構造も新型レーダーも、自ら要素技術を創造し、試験で確かめて、組み合わせて大きい要素技術を作り、試験で確かめることを延々と実行してきたものである。

一方、日本からの技術移転に関しては、ボーイングから「三菱の国際的に認められた複合材の専門家」といわれた三菱重工名航の小笠原和夫氏は「複合材一体成形主翼構造技術は魔法ではない。紛れもない技術なので、誰でも作れるはずだから、LMの人が理解できる合理的な技術の説明を三菱がすれば、技術移転は間違いなくできる」と言って万端の準備をしてLMの技術者、技能者に説明した。このように日本側は確実に技術移転を行なっており、FS‐X共同開発は米国にとっても大きな収穫があったのである。

米国は、開発日程の進め方についても、日本流のやりかたから学ぶところがあったはずである。FS‐Xのアビオニクス統合試験の所要日程は約半年かかると計画していたのに対し、米空軍技術者からそんな短期間でできるはずはないから、少なくとも一年の計画にするように提案されたことがあったが、きちんと考えるとやはり半年ですむと考えて計画を変えなかった。実際は、試験装置などよく考えて用意したためか、予定どおり半年で完了した。米空軍の技術者は「戦闘機技術」というだけで大変だ！むずかしい！と思い、論理的に考えなくなるのではないか、という印象を持った。調査に来日した技術者からは何も報告がなかったのでわからないが。

初飛行の一年前にも、アビオニクス部品の不具合対策の件で、費用と時間がたくさんかかるという

ＬＭの考えを覆したことがあった。この件については第11章「開発技術力継承のための三つの要諦」の項で詳述するが、戦闘機の開発というと考えもせず、すぐに「それっ、金と時間だ」と言うのはおかしい。

## 日本に航空機開発技術を与えたのは誰だ

米国のドキュメンタリー作家ジェフ・シアーがＦＳ‐Ｘの開発について書いた『ザ・キーズ・トゥー・ザ・キングダム』は、米国側の目でＦＳ‐Ｘの事始めからモックアップの記者公開あたりまでを書いたもので、はじめは、日本は優れた米国の戦闘機の新技術が欲しくてＦＳ‐Ｘの共同開発を望んでいるのではないか、米国の技術データを入手したらＦＳ‐Ｘの開発は中止すると言い出すのではないか、などと日本に対して失礼なことを書いている。しかし、いろいろインタビューで話を聞いたりして、この本の終わりのあたりでは、まだＦＳ‐Ｘの初飛行もしていない頃だが、だいぶ日本の考え方と実力を理解し始めた様子がある。

以下ジェフ・シアーがモックアップ見学のため三菱重工に来て、私がインタビューを受けていたあたりから少し翻訳して紹介する。

「神田は『飛行制御に関する開発作業は、誰かに忠告されたほど大変ではなかった』と主張した。

『数学モデルではソフトウェアのソースコードの開発は終了した。これから我々は操縦装置を作って、ソフトウェアと操縦装置を一緒に動くようにすることを考えている』と。これは控えめな発言のようだった。装置を作ってそれが一緒に動くようにするのは当然であるが、米国政府の人は、日本が直面した障害は彼らが考えていたよりはるかに大変だったと信じている。

神田が、日本側はF‐16から学ぶことが少ししかなかったとほのめかしたが、それは不愉快であり、苦々しく感じられる。航空機製造会社が、競争会社のいちばんよい航空機に関わる文書の一ページごとに、プラン一つごとに表れている考え方を会得し、喜ばないなどということがあるだろうか？もしF‐16が二〇年前の技術であったというなら、それは同時に二〇年間の玉成と進歩を示していることになるのである（著者注：実は「試験結果は含まない」取り決めになっていたので改良と進歩は内容に含まれなかったはずである。したがって、F‐16の図面を入手して喜んでいたというのは何か誤解しているものと考えられる。ただし、政府間の取り決めでF‐16の改造開発と決められていたので、少なくとも参考にはするつもりでいたので、そのためのデータを受け取って、安心したかも知れない）。

神田が言おうとしていることは古い国内開発の議論に遡る。神田がF‐16から学ぶものはなかったと言い張るのは、日本はすでに航空機王国に入る鍵を持っていると自信を持っているからではないのか。数十年にわたって次々に世界で最優秀の戦闘機製造メーカー、ボーイング、マクダネル・ダグラス、ロッキードなどと一緒に仕事をやって、日本の会社は航空機製造の技と科学をたたき込まれているはずだ。設計はそのプロセスの頂点にある。そこにＦＳ‐Ｘが入ってきたのだ。

ＦＳ‐Ｘのようなプログラムによって、ＤｏＤは日本の民間航空機産業の基礎を作り上げてしまった。ＦＳ‐Ｘとそれ以前の機種が、工場、治具、航空機技術者がする仕事などの基盤を作り、それが日本に航空機製造ビジネスを行なようようにした。ＧＤのような会社は、戦闘機技術には民間航空機の成功の鍵はないと嘯《うそぶ》いていたかもしれないが、ＧＤは旅客機を作っていなかった。ところが、三菱は戦闘機と同じラインで、まさにそこで民間機を作っていた。米国の国防プログラムに従事している技術者や技能者は、そこでボーイングのワイドボディの民間機の鍛造品も製造しているのである」

## ジェフ・シアーの結論

前述したように、ジェフ・シアーのインタビューを受けた際に、私が「Ｆ‐16から学ぶことはあまりなかった」と答えたのに対して、彼はその著書で、「空威張りしている」「ほら吹き」と書いているが、日本は米国の数機種の戦闘機をライセンス生産して、その技術をかなり習得ずみだったに違いないと思い直したらしく、本の最後では、次のように穏やかな表現に変わっている。

「あの暑い日に名古屋で展示されたモックアップに、最後に成功するために不可欠の創造力豊かな技術と決断力の組み合わせがある。すでに日本が米国の部分構成品メーカーに対して実質的な競争脅威であることを示している。この挑戦はＦＳ‐Ｘの開発があったからこそ生じたのであろう。航空宇宙は、日本にとっては看過できない非常に豊かで非常に成長性の高い王国である。今は三菱重工、川崎重工、富士重工は彼らの幅広い目的を、部品、電子機器、サブシステムとそれらの組み合わせに絞り込んでいるが、これらは最新の飛行機の内臓に当たる。しかし、日本がＦＳ‐Ｘ計画から習得したいのは、実はその部品などの組み合わせよりも大きな相乗効果、いわゆるシステム・インテグレーションであろう。

かつて、マクダネル・ダグラス、ジェネラル・ダイナミックス、ボーイングは戦闘機の世界では抜群の主契約者だった。今回は、初めてのことではあるが、米国の会社の一つが同じ独占的な領域内でサブコントラクターをやっている。これが、何らかの傾向を示しているのか、漂流しているチャンスを掴んだだけなのかを見極めるには、日本の諸市場における成功を描いたグラフを念頭に、ちょっと振り返ってみる必要がある。

日本の製造業者は次々と産業界で目標を定め、ごくまれな例外はあるが、それを達成してきた。ヨーロッパのエアバス工業共同事業体は、ボーイング、マクダネル・ダグラスなどの米国のシステム・インテグレーターに対して非常に差し迫った脅威のように見えたが、日本は両方から利益を得る立場になっている。おそらく二大航空機メーカーあるいは三大航空機メーカーが、互いに相手を抹殺し合ってしまった時には、日本は、それまで欧米のために作った部品を自分で使うために、日本に航空機製造産業を作ることになるだろう。

米国は日本がその時が来るまでじっと待っていることのできる位置に日本を置いた。第二次大戦の数年後に東京が商業市場の勝利に取りかかった時に、米国は冷戦の勝利に取りかかったのだ。両国は結局それぞれの目標に到達したのだ。

米国はその目標を達成するために、ワシントンでは防衛産業協力として知られた、対日産業政策を採用した。朝鮮戦争の間に、その政策は通産省の努力とともにトヨタ自動車を消滅から救出した。共産主義の激しい攻撃から日本を育成して安定化すると同時に、米国は冷酷な経済上の競争相手（日本）を創造した。

これがFS-Xのモックアップからのメッセージ、米国の援助というものだ。

奇妙なことに、木製のモックアップの魅力と魔力のせいで、モックアップを支えている金属の支持構造を見落していた。

機首と中部胴体を支える青みがかった金属のジャッキと、主翼と尾部を持ち上げているターンバックル付き鉄のワイヤが設置された架構があった。モックアップの木製の降着装置はモックアップの重量に耐えられなかった。このような支持構造が、航空機開発のこの段階では必須である。そうなのだ、米国の援助がなければモックアップもFS-Xもなかっただろう」

# 第11章　絶やしてはならない技術の継承

## 技術の進歩に応じた開発が必要

先進技術の兵器が、万一の場合、自国の平和を守る鍵となることは想像にかたくない。

戦後まもない昭和二七年に民間航空が再開したが、日本は必要な防衛装備を持っていなかった。昭和四〇年代に超音速高等練習機Ｔ‐２を独自開発し、これを改造して支援戦闘機Ｆ‐１も独自開発し、配備することができた。しかし、Ｆ‐１の後継機を心配し始めた頃、米国は唯一の超強大国となり、第一線の戦闘機の市場も米国製が圧倒的に支配するようになった。新聞、テレビなどの報道によれば、イスラエル、台湾、韓国などの中小国がＦ‐16を購入したいといっても、米国はその時の政治情勢によって必ずしもすぐ売ってくれるとは限らなかった。

ベルリンの壁の崩壊を三年前に予想した人はいなかったといわれるように、国際情勢は急激に変わることがある。一方、Ｆ－１の部隊運用開始は航空再開から二五年、はじめから戦闘機として開発したＦ－２は同じく四八年かかっている。

三菱重工が習得した戦闘機開発技術は、国の予算で航空自衛隊の戦闘機を開発する過程で築かれ、国内ではほかに習得した者はいない。したがって、三菱重工はこれを勝手に放棄することは許されず、むしろ、世の中の科学技術の進歩に遅れないように向上しなければならない。

そのためには、技術を継承した人が定年退職しないうちに、受け継いだ技術をさらに向上させ、次の世代が継承する機会を作る必要がある。

二〇年ごとに行なわれる伊勢神宮の式年遷宮は宮大工の技術、技能と遷宮に必要な資材などを千二百年の昔から永く継承していくための非常に優れたシステムである。エジプトのピラミッドもギリシャのパンテオンも永久に破壊しないことを願って、しっかりした石造りになっているが、実際には破損が広がりつつある。

しかし、伊勢神宮は木造ながら二〇年ごとに建て直すようになっているので、何百年経っても傷みがない。このために、必要な木材を育てる檜の林を数か所に設け、これを育てる人、木材から建物にする宮大工などを擁していてそれぞれの技術、技能を受け継いでいる。式年遷宮が二〇年ごとというのもよく考えられている。

航空自衛隊の戦闘機の開発の場合、技術の進歩に応じた開発が必要であるが、およそ一〇年に一度、開発が行なわれれば、きちんと技術を継承できると考えられる。たとえば、二五歳で入社した技術者は四〇歳までは担当分野の開発作業を覚え、五〇歳まではある部分の取りまとめ担当をしながら、トップマネジャーの補佐をする。五〇歳以上のベテランはトップマネジャーとして、全体を取りまとめるようにして、技術の継承を図るのがよいと考えられる。

## 技術者の思いがFS-Xを作り上げた

このような継承は単に技術だけの話ではない。伊勢神宮の場合、神々に対する畏敬の念から、航空機の場合は、飛行機に対する「憧《あこが》れ」というような気持ちから、技術を継承する心構えがあればこそ、連綿と継承が行われていると思われる。

第二次世界大戦後、日本は航空禁止になったため、航空機関係の工場も資料も担当者もすっかり消滅したが、技術者の心の中では消滅していなかった。飛行機に憧れ、いつの日か「日の丸飛行機」を作ろう、三菱のダイヤモンド・マークの飛行機を飛ばそうという気持ちは消えず、昭和二七年に航空再開後、すぐに旅客機（当時は輸送機と言った）YS-11の開発が始まった。

私が大学の航空学科の学生の時、このYS‐11のモックアップを見学に日本飛行機の杉田工場に行って、夢を膨らませたことがあった。

三菱重工に入社した最初の日に、入社式に続いて行なわれた各事業所紹介の中で、名古屋航空機製作所の説明にはライセンス生産の話しかなかったので、「質問はありませんか？」と言われた時、反射的に手を挙げて「三菱重工では新しい飛行機を開発する計画はないのですか？」と質問した。会社側はなぜか困った様子で、「それは名古屋に行ってから聞いて下さい」という答えだった。

MU-2は三菱重工が独自に開発した双発ターボプロップのビジネス／多用途機で、昭和38（1963）年に初飛行、昭和62（1987）年までに全15モデル、755機が生産され、日本のほか26か国で使用された。とくに速度と航続性能では同クラスの外国機にまさる高性能を有している。写真は航空自衛隊のMU-2捜索救難機。機首先端にドップラーレーダーを装備している。

名古屋に行ってみると、ビジネス機MU‐2を開発中であることが分かった。また、諸先輩の話の中で時々「日の丸飛行機、ダイヤモンド・マーク機を飛ばすのが会社の夢だ」と聞かされた。ただ夢だけでなく、何とか実現しようという努力もしていて、防衛庁がF‐104戦闘機を導入する時も、F‐4を導入する時も、三菱重工は同等機の開発提案書を防衛庁に出していたそうだが、相手にしてもらえなかったとのことだった。

幸いT-2/F-1では、それまでにない大規模の開発となり、続いてCCV研究機や三研翼などの要素研究を経てFS-Xの開発に続いたが、このようなプロジェクトを推進する中で、三菱重工では、上司は若い技術者にダイヤモンド・マークの飛行機を飛ばす夢を伝え、技術の継承と育成を図ることを常に意識してきたと思う。

こういう意味で、第4章（「ワイガヤ会議」で問題解決）で述べたようにFS-Xの開発設計チームでは、問題点解決のため三菱重工、川崎重工、富士重工の若い技術者も含め「ワイガヤ会議」を開いて、問題点解決の方法を自分たちで出し、解決を一緒に喜ぶ経験をさせたり、米国の装備品メーカーに、若かろうと、ベテランであろうと、担当者を仕様調整、日程調整のために出張させて、自分の担当装備品は自分で処理するように仕向けた。

## 「技術者の情熱が名機を作る」

上司が若い技術者の働き場所を用意するのは、ゼロ戦の堀越二郎氏の教えである。私が入社二年目の時、MU-2が初飛行したあと、不具合対策の指導に堀越二郎氏と一式陸攻の本庄季郎氏が名古屋に来られたことがあった。そのとき本庄氏は頻繁に来られたのに、堀越氏は二、三回しか来られなかったので、私は「堀越さんは名古屋に来ていただく頻度が本庄さんより少ないのはなぜですか？」と不躾《ぶしつけ》な質問をしたことがあった。

堀越氏の答えは、「自分が若い時、上司の服部課長が『仕事をする場は課長が用意するので、技術的な仕事は皆さんが考えたとおり、思う存分やりなさい』と言われ、大変よかったと思うので、今回は皆さんに思う存分やってもらいたいと考えたのです」とのことだった。

もう一つ、技術継承を続けていくためには、上司はきちんとした論理的な考え方で、熱意をもって仕事を処理するところを見せなければならないと思う。

幸いＦＳ‐Ｘの開発は技本のプロジェクトであり、会社は設計、試作、試験を委託作業として請けるという枠組みで実施した。したがって、すべての開発作業について、作業計画と成果に対する防衛庁の審査を受けたので、どの作業もきちんとした論理的な考えで実行し、若い技術者にも報告書を作らせ、防衛庁に説明もさせた。これは若い人たちに開発の考え方、ノウハウを教えるのにも非常によかったと思う。私たちの次の世代には、確実に技術が継承されたであろう。

さらに後世の人のためには、三菱重工では「戦訓集」と呼んでいるシステムに記録を残すことができるようになっていた。このことは、平成一二（二〇〇〇）年一二月に放映されたテレビ番組『新型航空機はこうして作られた』（ＮＨＫ名古屋放送局制作）の中でも紹介された。

設計チームの者は皆、世界の名機Ｆ‐16を改造する栄誉を誇りに思い、Ｆ‐２は格好いいと思っていた。技術部門、工作部門の技術者たちは、自分たちの格好いい飛行機が航空自衛隊のパイロットや整備員に好きになってもらえるよう、三菱重工だけでなく、川崎重工、富士重工もＬＭも皆、一生懸命頑張った。

技術面については、松宮元開発官の持論である「技術者の情熱が名機を作る」という言葉を裏切らずに、将来、Ｆ‐２は名機と呼ばれるようになると私は確信している。

## 開発技術力継承のための三つの要諦

ＦＳ‐Ｘの開発が始まってから、チーム・リーダーとしての私の心配の一つは、Ｆ‐２の技術開発力をどうやって次の戦闘機開発に継承していくかということであった。ここまで記述したことと重複する部分があるが、ここでまとめて記述したいと思う。

結論を言うと、開発技術力として最も重要なのは、「判断力とやる気と決断力（Judgment, Motivation, and Decision）」である。すなわち正しい技術判断力と、あるべき姿の実現をあきらめずに頑張る気力および決断して実行する力である。

これらの力をもって最善を尽して頑張るとしても、最善のレベルは人によって違う。つまり、最善を尽せば目標に到達できるか否かは本人にはわからない。むしろ、目標を達成するまで最善を超える努力をせよという方がわかりやすいように思う。

「判断力とやる気と決断力」は、「正しい技術的判断を貫く力」と言い換えることができ、具体的には次の三つに表すことができる。

（1）各技術者が要求仕様の意図を理解し、設計の根拠を明確にする。

（2）あるべき姿を追求し、あきらめずに努力する。

（3）開発上の問題は責任者が責任をもって解決する。

**（1）各技術者が要求仕様の意図を理解し、設計の根拠を明確にする**

顧客の要求仕様を表面的に理解して図面に表し計算するのでは、技術を理解して継承することは期待できない。

- 要求仕様の骨格を決定する要求項目は何か？
- 要求仕様は適正に設計に織り込まれたか？
- 論理的にも実機例からも機能、性能の目標は確保されたか？
- 関連システムとの整合性、製作の可能性、安全性は確保されたか？

これらが十分に検討されなければならない。すなわち要求仕様の意図を理解し、作成する計算書、図面、スペックなどの目的と明確な根拠をよく考えて作成することが、技術を理解し、結果として技術を継承するために必要である。

言い換えれば、顧客の気持ちになって要求仕様をよく考え、その結果をきっちり図面、スペックに反映せよということである。これでないと技術を十分理解して継承することはできない。

顧客の気持ちということとは少々異なるが、MU－300の設計取りまとめを担当した池田昭氏が、FAA（アメリカ連邦航空局）の型式証明を取得するために、FAAの規定についても、その要求の真意を捉えて、これに沿って設計することが必要であると述べている。池田氏が関係者に配られた『MU－300の教え』（非売品）から引用すると、「FAAのTCに至る道のりは苦しかった。（FAAから）次々に設計変更を要求され、日程は予定より大幅に遅れた。FAAの要求の全貌を十分掴み得ないまま設計をスタートしたのが原因の一つだと思う」とある。

前述の内容は、三菱重工本社で航空機事業本部長をされた日根野穣氏から、仕事の目的、目標を考える時の姿勢として、伺ったことと同じである。つまり「技術者の『やりたいもの』『やれるもの』の設計は顧客から不安をもって見られる。『やるべきもの（目標）』を設定し、これを実行するのが設計の基本」という教えである。

F－2開発の時、目的をよく考えなかったために失敗した例を挙げる。装備品仕様書を書く時、読む時に、その装備品の使用状況を真剣に考えなかったために、装備品メーカーがとんでもない制御システムを作ってしまったことがある。

ＦＳＥＴが書いた仕様書では、ある値ｘを横軸にとり、その値に対して縦軸の値ｙを表に示してあった。この表に従ってｘとｙの関係をコンピュータに入れて制御するように指示してあった。ところが、本来ｘもｙも連続的に変化する物理量なのに、そのメーカーは与えられたｘの値に対してある幅（dx）ではｙは一定の値で、次のｘでステップ状にｙが変化するとしてソフトを作り、内蔵コンピュータに搭載してしまったのである。

この装備品を機体に装着し機能試験をしている時、ｘを滑らかに変化させるとｙがステップ状に出てきたことで、幸いにもこの不具合が発見され、大事には至らなかった。しかし、仕様書の作製の意図を十分理解せず、ステップ状に変わる値に対して不自然にシステムが動く当初の装備品を見ると、これは仕様書の作製の意図に思い至らず、要するに仕事に心がこもっていなかったとしか考えられなかった。

第４章「水平尾翼々端の切り欠き」の項では、Ｆ‐16の水平尾翼の切り欠きはなぜあの寸法形状になったのか、Ｆ‐２ではどのような寸法形状にする必要があるのかを考えた逸話を紹介した。当初ＧＤからは、これに関するＦ‐16の設計根拠資料は存在しないと言われた。そこで、ＦＳＥＴが推定して、Ｆ‐16の寸法形状の根拠は、離着陸時に横風と機体の迎え角を想定し、さらに水平尾翼が舵角をとった時地面に接触することを防ぐためと考えた。Ｆ‐２は、この同じ条件で水平尾翼が地面に接触しないように寸法形状を決め、さらに風洞試験でこの形状での水平尾翼の効きを確認することも実施した。担当者は、この過程でF‐16の設計者の気持ちになって根拠を検討し、設計の考え方を理解するに至ったと思った。

## (2) あるべき姿を追求し、あきらめずに努力する

開発技術でも、以前に実績のある技術を伝える場合には、前項のようにきっちり考えて仕事をすれば、技術は理解され継承されると思う。しかし、航空宇宙機器の開発では必ず新しい技術が必要になる。新型機を開発するからには、運用している他機より性能を向上するとか、価格を下げるとかの目的があり、これを実現するために他機にない新しい技術が適用される。新しい技術を適用すると、必ず未経験の問題が出てくるが、これにどう取り組み、解決の道を拓くかは大切な開発技術である。問題点に直面しても、進取の気性を発揮して、恐れず、ひるまず、たじろがず、よく考えて、あるべき姿を実現するように努力することが大切である。知恵とリソースを集中して開発に成功すると、新技術を用いて新型機を開発する場合の考え方や手法が継承されると考えられるが、これこそ開発技術として重要な部分である。

三菱重工でずっと私の上司だった増田逸郎元技師長が「はじめからできないと思ったら何もできない。進取の気性を持て」といつも言われていたのも同じ趣旨であろうと思われる。

FS-X試作1号機。F-2は外形がF-16と似ているだけで、内部の骨組みの配置など日本の技術者が自ら計算し、軽量化設計がなされている。この技術開発力を次の戦闘機開発にどう継承していくかが問われている。

第4章「非常動力装置（EPU）」の項で述べたF-2の非常動力装置（EPU）は実例の一つである。実はEPUを人間に無害なJP-4／AIRの方式に変えると決心した際、機体の開発計画の途中でその上に新技術の装備品を開発するということはやめろと忠告してくれた先輩もいた。しかし、環境問題に対する二一世紀の動向に照らして、JP-4／AIR方式採用が正しいと考え実行した。初飛行間近になってもなかなか満足する物ができず、FSET装備班の関係者は悪戦苦闘したが、何度も改善と試験を繰り返し、何とか完成にこぎ着けることができた。このように困難に立ち向かう勇気を得て、高度の技術開発のやり方を継承したと考えている。

### （3）開発上の問題は責任者が責任をもって解決する

責任者は常に自ら、あるべき姿とそこに至る道を正しく見通して方針を決め、また、部下が決められないことについて自分が決定する責任をもつことも、継承すべき技術力の一つとして不可欠であると思う。

特に不具合などの問題点について、作業計画、開発計画に影響ありと判断される時は、原因究明の現場に責任者が参加し、計画の変更の第一線に立って、責任者が納得して責任をもって進め方を決定するところを若い技術者に示すべきである。

変更には必ず悪い影響をもたらす面がある。それでも変更が必要と覚悟して押し切ると、非難されるかもしれないが、それを恐れてできないと言っているようでは駄目である。責任者は「やるべきことはすぐにやる勇気、やるべきでないことはすぐに止める勇気」をもって前進して行かねばならないと思う。

また、リーダーは仕事を若い人に任せておけばいいというものではない。以下は、FS-Xではないが、名航がある航空機開発に参加し、三菱重工のエンジニアリング子会社が製造図設計を一括請負し、私が関わった時の話である。

別の機種でこの子会社が製造図設計を担当した時、設計ミスが多発したため、「ミスゼロ運動」が展開された。そこで、このプロジェクトで製造図設計チームの体制を組む時、検図チームを設け、ここに前のプロジェクトで図面ミスの発見がいちばん上手だった名航工作部原図係の人に参加してもらった。その原図係が名航技術部の設計マニュアルを見るとすぐに、「このマニュアルはよくない。展開図の作り方が古い」と指摘した。私はこれには驚いたが、早速マニュアルは改訂し、この原図係にチームを指導してもらった。このエンジニアリング子会社が責任をもって品質の高い仕事をするには、この会社自身が責任をとれるように、リーダーは十分注意して確認する覚悟がいることを私は知った。

この製造図作成作業の最中の週末に、いわゆる三階層ミーティングをしたことがある。当時この子会社では、ミスゼロ運動の標語に「期限にミスゼロ守ります」という言葉を掲げていた。三階層ミーティングでは、今回のプロジェクトで、どうやってこの標語を達成するかという話し合いをしたのであった。その最後の全体討論会で「期限を守って、ミスもゼロというのは困難だ」という声が大きかったので、私は「それでは、製図担当者はミスゼロを最優先に考えることとする。上司は期限を守るように、要すれば名航側と納期の調整をし、あるいはCATIA（三次元の製図作成ソフト）の達人を集めてくるなどを優先的に努力する。皆で協力して頑張ろう」と役割分担を明確にした。

製図を誤りなく描くよう注意しながら描く人と、製図の作成を所定の時間に描く人の二つに作業の担当を分けて、協力して製図するように二人の担当者に分担させたところ、予定の時間内に誤りのない図面ができるようになった。そのような努力の結果、新しいプロジェクトの図面は予定の期限どおりに完成し、ミスの件数も減り、目標を達成した。そして、この製造図設計に参加した皆が、自分の任務をきっちり果たす要領を覚え、自信をもち、その次のプロジェクトでも期限にミスゼロを守ることに成功して、名航グループ全体の技術力が確実に向上したことが確認された。

第4章で、チーム・リーダー以下、関係の担当者を集めて自由に意見を出し合い、全員の知恵で問題を解決した「ワイガヤ会議」の有用性について述べた。その好例として、主翼前縁付近の翼胴結合部に近い胴体側スペースが、燃料、飛行制御、空調などの取り合いになったが、数回にわたるワイガヤ会議によりついに解決することができた。その後、ワイガヤ会議にこの問題を提起した燃料系統の若手の技術者は、設計作業にのめり込んで、先輩の技術をどんどん学び、どんどん成長して頼もしい技術者になった。

若い技術者に技術を継承させるには、責任者は思い切って若い人に任せ、自分は大筋の流れを見ていることが必要である。しかし、問題解決を若い人に任せることがなかなかできないことも少なくない。そのような時には、せめてワイガヤ会議で若い人も入れて、考え方、仕事の仕方を教えるのが有効と思われる。

さらに、ゼロ戦や一式陸攻など昔の飛行機の設計チーム・リーダーは豊富な経験を持っていて、担当者の描いてくる図面を赤鉛筆で真っ赤になるほど訂正されたということであるが、我々のF-2の設計は、リーダーが絶大な力を持っていてリーダーがすべてを判断するやり方はしていない。

今のチーム・リーダーは、昔のように何機種も開発を取りまとめた経験を持っているわけではないし、適用技術の範囲と深さが広がって、飛行制御則の設定、ミサイルの最適発射ポイントの設定、状況表示ディスプレイに基づく飛行進路の正しい設定などのすべてについて、カリスマ的な技術者が一人で多数の技術者を指導することができるとは考えられない。

戦前の川西航空機製作所は、大型飛行艇などの開発では多数の技術者を選任し、組織で設計、開発を行なったそうで、当時、川西だけが四発大型機の設計、開発をうまくできたのは、このような組織的設計開発形態の成果であろうという、川西の元技師長の橋本義男氏の言葉がある。

次は、F‐2の初飛行の一年前のある時、LMが担当していた電子機器のブラック・ボックスの一つが、初飛行に間に合わないという連絡を受けた時の例である。

すぐに担当者をLMに派遣するとともに、名航所長からLMフォートワース・カンパニー社長宛てに、工場の全力をかけて対処するよう依頼する書簡を発信したあと、私も渡米し不具合処理に参加した。この時、フォートワース・カンパニー社長が出てきて「このような不具合が発生している時にミスター神田はこんな所にいないで防衛庁に行き、不具合対策に要する時間と費用を確保すべきだ」と言われたことにまず驚かされた。

「まだ不具合の状況も対策の見通しもない段階ではそんなことは通らない」と社長に言って、私が「はじめに不具合が発生した現物を見せてもらいたい」と頼んだ時、相手のF‐2担当部長が「自分もまだ見ていないので一緒に見に行く」と言ったのにも驚かされた。

不具合処理に全力で当たってほしいと日本から強く申し入れしてあったのにもかかわらず、担当部長は現物を見てもいなかったのである。こんな調子で上の人がリソースの配分だけを考えていると、技術者を育成したり、技術を継承したりすることはできないとつくづく感じた。なおこの担当部長はFS-X／F-2プロジェクトを担当する間にだいぶ成長し、不具合対策会議に必ず出るなどよく協力してくれた。

実は、私が着いた時には、不具合の状況はすでに判明していて、それでもLMが間に合わないと言った理由は、不具合を臨時対策的に直すのではきれいにできないので新たに作り直したいが、そうすると初飛行に間に合わない、ということであった。そこですぐに、初号機は外から見えない電子機器まできれいにすることは無用なので、臨時対策で電線はカット・アンド・ジャンプで切った電線の端末は危険のないように処理しておけばいいと言ったところ、それなら初飛行に間に合うようにできるということになった。

特に指示がないところは、米国は米国流に処理するので、プライム・メーカーの責任者がすぐ現場に行き、日本流の判断で指示することが必要であったのだ。この時は、責任者として臨時対策のやり方を指示しただけで、細部は担当者に任すことができた。

トップダウンが一般的な米国企業を相手にする場合、日本の担当者レベルの主張がなかなか相手に通じないことがしばしばあるとよく言われるが、本件では日本側の責任者がいち早く米国側の責任者と対面したこと、そして現場を見てベストの解を決め、相手側の責任者を動かしたことがよかったと思料《しりょう》する。

# おわりに

## 堀越二郎氏の教え

ジェフ・シアーが『ザ・キーズ・トゥー・ザ・キングダム』の中で引用している堀越二郎氏の言葉があります(*)。

「私が自分の口から言うのはおかしいが、たしかに、日本人が、もし一部の人の言うような模倣《もほう》と小細工のみに長《た》けた民族であったなら、あの零戦は生まれえなかったと思う。当時の世界の技術の潮流に乗ることだけに終始せず、世界の中の日本の国情をよく考えて、独特の考え方、哲学のもとに設計された『日本人の血の通《かよ》った飛行機』――それが零戦であった」

（＊）ジェフ・シアーはJiro Horikoshi, Eagles of Mitsubishiより引用。その原典、堀越二郎『零戦　その誕生と栄光の記録』の同部分を引用した。

これと同じように私たちも、ＦＳ－Ｘの日米共同改造開発において、米国の官民が考えたほど、Ｆ－16の技術を尊重したり、ありがたく思って、そのまま利用したということはありませんでした。ＦＳ－Ｘの設計は私たちが独自に考えた哲理です。

その設計にＦ－16の技術を適用できるところはコストダウンのため参考にし、利用させていただきました。結果としてＦ－16によく似た外形形状になりましたが、ソフトウェアをはじめ多くの装備品は国内で開発したもので完成しており、技術的には目標に達していると考えています。

シアーが述べているように（第10章）、これまでのＦ－86、Ｆ－104、Ｆ－4、Ｆ－15のライセンス生産がなければ、ＦＳ－Ｘもそのモックアップもなかっただろうというのは、私はライセンス機を担当したことはないけれども、真にそのとおりと思われます。

ただ、マーク・ローレルもジェフ・シアーもＦＳ－Ｘの成功を認めてくれたのは嬉しいのですが、彼らもはじめからＦＳ－Ｘが上手くいくとは思っていなかったので、予想外の結果に驚いて、大げさな表現になったと思われます。

それだけに私たちが注意しなければならないのは、両者とも、出版は初飛行前なので、平成一〇（一九九八）年から一二年にかけて与えられた「神様の試練」を知らずに書いていることです。出版以前にそれらを知っていたら書き方が少し変わったかもしれません。

しかし、この試練はきっちり原因究明を行ない、量産機納入以前にしっかり対処を実施ずみで、ジェフ・シアーやランド社のマーク・ローレルが成功と認めた点は何も変わっていません。

思うに、米国が日本に開示しようとしなかったF‐16の試験結果こそが現代の第一線戦闘機の本当の技術であって、日本は結局、これを必要なレベルまで乗り越えることができました。すなわち、防衛庁技本と航空自衛隊飛行開発実験団をはじめとする官と民の献身的な努力で、我々は米国が決して開示したくなかった技術をも習得したものと考えられます。

ただし、我々にとって、これからが人跡未踏の領域であり、欧米でも未経験の「神様の試練」にこれから遭遇するかもしれません。今後、さらに飛行領域拡大試験などを実施する飛行開発実験団とこれを支える技本および三菱重工には気持ちを引き締めて挑戦していただきたいと思います。

米国が中心になって世界各国と共同開発しているF‐35の技術は、米国が共同開発に参加した各国に、英国のような永年にわたる米国の盟友に対しても、すべて開示するつもりがなかったことから問題になりました。各国が技術を得ることをあきらめて米国から完成機を輸入しようとすると、米国は政治的な事情によって輸出を禁止する例がこれまで少なくありませんでした。

結局、長期的に見て必要な時に合理的な価格で戦闘機を買い揃えるのは、自国に戦闘機を開発し生産する能力がないとできないことになるので、FS‐Xは独自開発をすることを計画した点は正しかったと考えられます。

## 松宮元開発官の「開発の教訓」

松宮元開発官が『防衛技術ジャーナル』（平成一三年一月号）に寄稿された「技術者の『情熱』が『名機』を生む」の中の「FS‐X開発の教訓」はぜひ関係者の皆様に読んでいただきたいのでここに紹介します。

「FS‐X日米共同開発は共同開発ではない」とか「TSCは国益の鬩《せめ》ぎ合いの場であった」とか穏当でないことを記述してきたが、実際に開発に従事した三菱重工業、ロッキード・マーチン社などの技術者と防衛庁の関係者は実によく努力してくれた。技術・実用試験の間には、主翼の一部の強度不足、垂直尾翼の荷重超過などの問題が発生したが、これらをよく解決してくれたし、試験終了後も本機の持つ高い潜在能力を最大限に発揮させるためフォロー・オン・テストを実施することとなったことも特筆すべきことであろう。軍用機の改善活動は、運用中も引き続き行なわれるのが普通であって、「技術研究本部は、装備品を産みっぱなしで育てない」という批判を覆す良き先例になると考えられる。

ＦＳ‐Ｘ開発の教訓は多々あろうけれども、筆者が思いつくままに列挙すれば次の通りで、是非二十一世紀の技術研究開発に、一部でも活かしてもらいたいと念願するものである。

①技術者の「情熱」が「名機」を生む。筆者は、一九九二年五月十三日の「実大模型（モック・アップ）審査」記念パーティで、名機「零戦」を偲んでこのＦＳ‐Ｘが「平成の零戦」になることを期待すると述べたが、技術者達の「情熱」が「名機」を生むという信念は、今もって変わらない。

②軍用機の開発は、日本の安全保障の観点から「防衛技術基盤」への影響も含めて十分検討してから進めるべきであって、妥協の末に、変則的な開発形態をとるべきではない。特に将来「不十分な防衛努力」のツケを、まやかしの「共同開発」に負わせるようなことを行なってはならない。

③一体成型複合材主翼構造の研究、アクティブ・フェーズド・アレイ・レーダーの研究やＣＣＶの研究などの先端技術の実証研究は、バーゲニング・チップとなり得たのみならず軍用機インテグレーション上極めて重要であったので、この種の先端技術の実証研究は大いに進めておくべきである。

④日本の軍用機の開発は、ともすればプラットフォームの開発に力点がおかれ過ぎるので、航空エンジンのみならず機関砲、爆弾、射出座席などの武器技術の研究に、防衛庁はもっと力を注ぐ

べきであろう。

最後に、FS‐Xプログラムが「共同開発」であろうとなかろうと、いろいろな意味で極めて困難な状況におかれていたことは日米の関係者の等しく認めるところであるが、このプログラムをよくここまで推進してきた日米の関係者の努力に対して、深甚なる敬意を表するとともに、二十一世紀のテクノロジーのさらなる発展を祈念するものである。

## 開発に成功した要因と今後の課題

開発の任にあたらせていただいた私としては、大勢の皆様が力を合わせてF‐2を担ぎ上げて下さったおかげで、無事故の運用が続いており大変ありがたく思っております。

開発に成功した理由として私の考えを列挙すると次の五項目になります。

(1) 開発技術力

昭和二七年の航空再開以来、積み上げてきた航空機(主に戦闘機)の製造、運用技術および超音速ジェット機T‐2/F‐1の開発、運用によって国内の技術基盤が築かれていた。米国機改造の共同開発といっても、技術資料には米国から非開示の部分があったが、日本に開発技術力があったので、非開示であった部分については、すべて自分たちで設計し、試験などを実施して完成させることができた。

（2）日本の先進技術

日本は、複合材一体成形技術、フライ・バイ・ワイヤ（ＦＢＷ）技術、アクティブ・フェーズド・アレイ・レーダー、液晶ディスプレイの研究を実施していた。特に複合材一体成形技術はＧＤ／ＬＭにとって垂涎の技術であった。このような先進技術があり、米国がこれらに興味を持ったので、共同開発の道が拓けたと思われる。共同開発決定後も米国ＤｏＤや米空軍の調査団が何回か来日した。

（3）ＸＦ－2要求仕様の根拠の対米説明

防衛庁から、次期支援戦闘機は米国の既存機では不十分で新たに開発または改造開発が必要であることを、技術的根拠を示してＤｏＤが納得するまで説明した。たとえば旋回率や種々の性能の比較について、実例を挙げて丁寧に説明した。これにより、日本独自の戦闘機を開発することに懐疑的だったＤｏＤが日本の要求仕様を理解し、協力的になった。その結果、開発中、米空軍の積極的な支援が少なからずあった。

（4）開発計画関係者の高い志とやる気

官民の開発関係者全員が、世界一流の戦闘機メーカーの技術者をリードして設計し、第一線戦闘機Ｆ－16をさらに能力向上するという仕事に誇りを持って心を一つにして臨み、奮起して勇猛果敢、努力した。

(5) 対米技術移転の誠実な実行

名航が綿密な技術移転計画を立案し、これに従ってLM工作部の担当者が訪日し、熱心に名航工作部専門家の技術の伝授を受けた。このように、日本側が複合材一体成形技術の対米移転を誠実に行ない、GD/LMも日本からの技術移転を率直に受け入れた。

F-2の開発は成功し量産機の納入も開始されていますが、本来、部隊使用承認を得る時には要求性能をすべて満足することを確認ずみであることが条件となっています。しかし、F-2は運用上、必ずしも必須ではない項目は運用開始後にフォローアップ活動で確認することを条件に、運用に供し得るとして部隊使用承認を得ました。実際、F-2のフォローアップ活動は平成一二(二〇〇〇)年から毎年実施されてきたので成果がまとまり次第公表されています。

一方、平成一四(二〇〇二)年三月上旬に新聞報道されたレーダーの不具合の原因究明と対策検討は、技術的追認試験の中で実施され、解決してすでに部隊運用に復帰しています。

ただし、レーダーの不具合のような重要事項は部隊運用開始一年後に明らかにするのではなく、開発全体のシステム・インテグレーションの立場から全システムの開発が円滑に進むように関係者全員が協力してもっと早期に解決することが必須と思われます。

Ｆ‐２の次の戦闘機、Ｆ‐３を開発する際に大事なことは、次期戦闘機開発に通用する「新技術を推定する」こと、そして自分たちがこれをＸＦ‐３に織り込むことができるように「新技術を自家薬籠中のものにする」ことです。

防衛省技術研究本部が種々の研究を実施していますので、ＸＦ‐３など将来どんな飛行機が必要となるか、ＸＦ‐３の飛行能力に対する要求はどのようなものになるかなどは、Ｆ‐２の時のＣＣＶ研究機のような実験機で確認して、実機の実現につないでいけばよい成果が得られると思われます。

このような努力を積み上げていかないと、継承するべき技術が雲散霧消してしまい、継承できなくなると思われます。

ＦＳ‐Ｘ開発を通して、チーム・リーダーとしての私が常に念頭に置いていたのは「Ｆ‐２の開発技術力をどうやって次の戦闘機開発に継承していくか」ということでした。この開発技術力の継承こそ、あとに続く技術者たちに託しておきたいことです。

平成二一年七月

神田　國一

## 主要参考文献


Mark Lorell『Troubled Partnership（トラブルド・パートナーシップ）』RAND,1995

Jeff Shear『The Keys to the Kingdom』Doubleday,1993

堀越二郎『零戦　その誕生と栄光の記録』光文社　カッパ・ブックス　昭和四五年

池田昭『ＭＵ‐３００の教え』（非売品）

ＭＩＴ報告書「飛行せずに成功する方法―日本の航空産業と技術に関する基本的な考え方」（一九九二年）

ＧＡＯ『日米ＦＳ‐Ｘ開発計画の近況』（一九九二年六月、一九九四年五月）

ＧＡＯ『米国と日本の共同開発　ＸＦ‐２計画の進展は日本の航空宇宙に関する能力を増強』（一九九五年八月）

『フライト・インターナショナル』（一九九五年一月一八～二四日号）「日本、ＦＳ‐Ｘをロールアウトさせる」

『フライト・インターナショナル』（一九九六年三月二七～四月二日号）「ＸＦ‐２試作一号機納入」

『ニューヨーク・タイムズ』（一九九五年一月一三日）「新型戦闘機の暗い地平線」

『ウォール・ストリート・ジャーナル』（一九九六年三月二二日）

準拠スペック「耐空性審査要領」「航空機及び装備品の安全性を確保するための強度、構造及び性能についての基準」

防衛庁「Ｆ‐２の開発期間の延長について」（平成一〇年七月二七日）

防衛庁「Ｆ‐２静強度試験用試作機における要改善事項の判明について」（平成一一年六月）

防衛庁「Ｆ‐２の開発期間の再延長について」（平成一一年八月一〇日）

防衛庁「Ｆ‐２の開発延長について」（平成一一年一二月二〇日）

防衛庁「Ｆ‐２水平尾翼に係る検討結果と対策について」（平成一二年五月二九日）

『朝日新聞』（平成七年九月一四日）「日本に多くの開発許した」

『日本経済新聞』（平成七年九月二〇日）「FS・X共同開発は失敗」
『産経新聞』（平成七年九月二三日）「航空日本、再び羽ばたく」（高山正之）
『WING』（一九九二年七月一日）
『WING』（一九九五年一月一八日）
『WING』（一九九六年四月三日）
『WING』（一九九七～九八年）連載コラム「コクピット」（鍛冶壮一）
『第三五回飛行機シンポジウム講演集』（一九九七年）
『日本航空宇宙学会誌』（一九七三年二月号）「最近開発された国産航空機の構造」
『日本航空宇宙学会誌』（一九七八年七月号）「超音速高等練習機（XT・2）の開発」
『日本航空宇宙学会誌』（一九九五年七月号）「T・2CCVのPilot-Induced Oscillation (PIO) 特性とその改善」（菅野秀樹・片柳亮二）
『日本航空宇宙学会誌』（一九九八年九月号）「XF・2の開発」（松宮廉、神田國一、安江正宏、景山正美）
『日本航空宇宙学会誌』（二〇〇〇年四月号）「特集　X・2の開発」（景山正美、森重樹、井出正城、高原雄児、藤村賢治、藤瀬守正、土井博史ほか）
『日本航空宇宙工業会会報』（二〇〇六年三月号）「航空機用構造材料技術の進歩（その一）」
『防衛技術ジャーナル』（二〇〇一年一月号）「FS・X日米共同開発を顧みて」（松宮廉、神田國一、ヴァーノン・A・リー）
『航空情報』（一九七三年一〇月号）「XT・2」
『航空情報』（一九九二年九月号）「FS・X」
『航空情報』（一九九五年一二月号）「FS・X試作機ついに進空」
『航空情報』（一九九七年一月号）「FS・X総まとめ（2）」
『航空情報』（二〇〇九年八月号）「前間が行く」（前間孝則）

『航空ファン』（二〇〇一年六月号）「三菱T‐2／F‐1が開発されるまで」
『航空ジャーナル』（昭和五六年一月号）臨時増刊「三菱T‐2とF‐1」
『JWings』（二〇〇〇年一一月号）「F‐1フォーエバー」
『JWings』（二〇〇四年五月号）「三菱T‐2」
『JWings』（二〇〇四年）自衛隊の名機シリーズ「F‐2」
『JWings』（二〇〇九年）自衛隊の名機シリーズ「航空自衛隊F‐2」
三菱重工量産初号機納入のパンフレット「支援戦闘機F‐2A／B」

解題——

# 「平成のゼロ戦」を作り上げた技術者たちの情熱と矜持

元防衛省技術研究本部航空装備研究所長
景山 正美

## 本書刊行の経緯

本書の著者である神田國一氏に私が初めてお会いしたのがいつだったのかは定かには覚えていないが、FS‐X（のちのXF‐2）の機種選定の過程か、FS‐Xの開発が始まったころだったのは確かである。

神田氏が次期支援戦闘機設計チーム（FSET：Fighter Support Engineering Team）のリーダーとして、FS‐Xの開発に心血を注いでいた姿勢には遠く及ばないが、防衛庁（現防衛省）側の担当者としてこのプロジェクトに取り組んだ者の一人である。

本書は、設計チームの発足からおおむね部隊使用承認が出るまでの主として防衛庁技術研究本部（現防衛装備庁）技術開発官（航空機担当）付次期支援戦闘機開発室と「ＦＳＥＴ」が実施した開発技術作業の経緯を回顧したものである。

ＦＳ‐Ｘの量産機、Ｆ‐２の部隊運用が何とか軌道に乗りつつあった平成二〇（二〇〇八）年頃、当時進められていたＦ‐２に続く国産の自衛隊機、Ｐ‐Ｘ（Ｐ‐１哨戒機）、Ｃ‐Ｘ（Ｃ‐２輸送機）の開発プロジェクトにおいても、ＦＳ‐Ｘの時に日米の技術者の間で必要な情報交換と意思疎通を図るため考えた方法や仕組みを参考にしてもらえば、より効率的で円滑に業務を進められたかもしれない、さらに将来の航空機開発でも、ＦＳ‐Ｘの例が役に立つにちがいないと考えたのが、神田氏の本書執筆の動機になっている。

また、特にわが国では戦闘機の開発がこの先一〇年も二〇年もない場合を憂えるとともに、ＦＳ‐Ｘの開発設計チームで苦労した技術者が健在のうちにその記録を残す必要があるという強い思いもあった。

本書は本来ならば、「おわりに」が記された、神田氏のご存命中の平成二一年に上梓されるべきものであった。しかしながら、ＦＳ‐Ｘの開発終了から一〇年も経っておらず、また、ＦＳ‐Ｘの要改善事項の処置も完全には終了していないことなどさまざまな事情から、本書は日の目を見ることはなかった。私はその当時、神田氏の原稿を拝読した者の一人として、これを書籍化できなかったことを残念に思うとともに、いつか出版が実現できる日が来ることを切望していた。

今回、本書が刊行の運びとなったのは、「FSET」の元メンバーである陶山《すやま》章一氏が神田氏の原稿の存在について防衛省・自衛隊OBである私と米沢敬一氏や関係者に話したことが発端である。陶山氏と併行して防衛省・自衛隊OBなど関係者の意向を聞きつつ、出版の可能性を探ることとした。

本書の刊行に関係者の意向が肯定的であったことから、FS-X開発に深く携わった三菱重工OBの江川豪雄氏と福地功夫氏に相談するとともに、米沢氏に版元の並木書房を紹介していただき、快諾をいただいた。

筆者である神田氏はすでに亡くなられていることから、福地氏と江川氏に神田紀子夫人に連絡をとっていただき、出版の了承を得るとともに、江川氏、福地氏、陶山氏、そして私で編集委員会を設け、神田夫人にも参加していただいて、本書制作の調整を行なった次第である。

## 神田氏の人柄とリーダーシップ

本書の中で他人のように書かれているが、「セブン・イレブン」と呼ばれた男は著者である神田氏本人である。朝七時に出勤し、夜一一時に退勤するという生活をずっと続け、技術的に嘘をつかない、尊大な態度をとらない、誠実な姿勢でFS‐Xの完成を牽引していった。また、開発が日米共同プロジェクトとなったことから、設計チーム内で米国人と密接なコミュニケーションをとるために必要な英会話能力を向上させるべく、超多忙のなか一年間に千時間以上の英語を聞くというヒヤリング・マラソンを達成するとともにその後も時間を割いて英語力の向上に努めていたと聞いている。まったく頭が下がる思いであり、このように目的のために真摯に打ち込む姿勢に畏敬の念を抱くものである。

FS‐Xの基本設計においては、主契約者である三菱重工を中心に、サブコントラクターである川崎重工および富士重工、さらにサブコントラクターであると同時にF‐16の開発企業であるライセンサーとしてのジェネラル・ダイナミックス（現ロッキード・マーチン）から設計チーム「FSET」が構成された。神田氏のFS‐Xを名機に育てようという、自ら率先して困難な事象に立ち向かう、一途な思い、豊富な経験と技術力に触れ、設計チームの技術者全員（この中には設計チームに派遣されたロッキード・マーチンの技術者も含まれる）から尊敬されていた。

FS‐Xの開発過程では、改造のベースとなったF‐16の開発企業であるロッキード・マーチンと三菱重工はさまざまな困難な交渉を行なったが、その交渉相手となったロッキード・マーチンの責任者である頑固者といわれた人からさえも、神田氏の技術者としての力量と人柄は一目置かれ、交渉を

GD/LMとの間で難題が生じると、神田氏は日米共同プロジェクトのトップとして躊躇せずにフォトワースに飛んで直接交渉し解決に導いた。ロールアウトを無事終了し、GD/LM責任者のリー博士と談笑する神田國一氏。

スムーズに進める原動力となった。

また、神田氏は難しい技術的な内容を専門家でない人に分かりやすく説明する名人で、偉ぶることなく丁寧に根気よく説明していた。こんなところにも人柄が表れる。

さらには、神田氏の率直で正直な、真摯な、責任感あふれる人柄と確固たる技術力から、FS－Xを発注した防衛庁の者からも尊敬と信頼を集めていた。

自衛隊機であるFS－X開発では、設計・試作段階で、発注元である防衛庁技術研究本部が年に四〜五回ずつ、グループ会議・技術審査と称して主契約者である三菱重工の業務の進捗状況をチェックし、試作後の技術実用試験段階では、試験の進捗状況や試作機の要改善事項の対処のために年に一〇回ほどグループ会議を開催していた。毎回三日間程実施していたその技術審査の期間中、ほとんど睡眠時間のとれない神田氏が疲労のため宿舎で倒れ、救急車で病院に運ばれるということもあったと聞いている。これも神田氏が重責を担い、プロジェクト遂行に心血を注いでいた表れであったと思う。

## チーム・リーダーの心構え

本書の中の神田氏の言葉で心に残るものの一つとして、設計チーム・メンバーに提唱した開発作業を推進する心得としての「三つのR」、すなわち「迅速な報告（Rapid Report）」「重要課題は優先解決（Risk Attack）」「合理的設計（Rational Design）」がある。どんな分野の開発プロジェクトにも共通する事項である。

この「三つのR」はすべて重要であり、「迅速な報告」「重要課題は優先解決」を実行することは、開発プロジェクトを遅滞なく円滑に推進するためには必須のことであることはもちろんであるが、技術者としては、この三つのうち「合理的設計」を実践することの重要性を痛切に感じており、技術者としての良心に恥じない仕事をしないとあとで必ずその報いを受けることとなると痛感している。

要求性能、スケジュール、コストの整合性を守るという重圧に耐えつつ、開発設計を進めることは容易なことではないが、正直にこの「三つのR」を守って作業を行なえば間違いはないと思う。すべての開発プロジェクトにおいて関係するすべての技術者がこの心得を堅持することを願っている。

特に私が神田氏と接して感じたことは、技術者・設計者は技術的な嘘をついてはいけないということであった。戦闘機に限らず、開発プロジェクトでは、そのさまざまな過程で多くの不具合、要改善事項に直面する。その時にその課題に正面から対処するか、見て見ぬふりをするかでそのプロジェクトの行く末は大きく左右される。

見て見ぬふりをすれば、その時は問題なく、プロジェクトは一見順調な進捗を確保できるが、あとで不具合は明白となり、とんでもない事態が生じるものである。大きな不具合に発展し、修正作業が発生し、開発スケジュールが大きく遅延し、運用スケジュールにも大きな影響を与える。最悪の場合はプロジェクトが頓挫するか、性能が満足できないままで終わるしかなくなる。このような実例をほかのプロジェクトで見てきた。

FS‐Xの開発で、神田氏は不具合となる兆候をいち早く発見し、初期段階で防衛庁側に正直に報告してくれていた。これにより、その後の処置が迅速にでき、不具合対処による遅れは生じるものの、結果的には不具合を早く解決できたと思っている。私は、FS‐Xの開発プロジェクト以降、技術者は技術的に正直でなければならないと肝に銘じてきたつもりである。

本書の終わりに、すでに原因究明と対策検討が実施ずみであるが、レーダーの不具合が開発終了後の部隊運用開始一年後に明らかにされたと述べている。FS‐Xの開発においては、レーダーおよび電子戦機器を社給品とし、チーフ・デザイナーに戦闘機ウェポン・システム全体のシステム・インテグレーションの権限を与えようと開発初期段階に試みたが、力及ばず、レーダーおよび電子戦機器は官給品となったことが心残りであった。

開発プロジェクトでは、チーフ・デザイナーにはシステム全体のインテグレーションを行なう権限を与え、開発プロジェクト全体に責任がもてるようにすべきである。今後の開発プロジェクトではそうなることを切望している。

## 技術継承――〝平成のゼロ戦と堀越二郎〟

本書でも述べられているとおり、一人前の戦闘機設計者を育てるためには、担当、グループ・リーダー、チーフ・デザイナーと各段階で失敗を含めた経験を積んでいくことが重要であり、各段階を登っていくことで技術継承ができるものである。FS-Xの機種選定当時、この開発を行なうことの大きな要因の一つがこの技術者・技術の継承であった。

昨今、F-2後継機問題が話題になっているが、日本主導の開発ができないとせっかくFS-X開発でつないできた技術者・技術の継承が途絶えてしまう。いちばん大事なのは、個々の技術の継承はもとよりであるが、戦闘機システム全体のインテグレーションを行なえる技術者の継承である。

これは実際の戦闘機の開発を経験しないと培われていかないものである。適切な時期に戦闘機の開発を行なわないと、結局ゼロからの出発となってしまうことを肝に銘じておく必要がある。この時期の本書の刊行は、このことの警鐘も示唆している。

戦闘機は民間旅客機と違って、運用しながら、新たに出てくる要改善事項や能力向上に対応しながら、運用者と技術者が協力しつつ育てていくものであると確信している。

開発終了直後は、その戦闘機に不満足な点があっても、運用者と技術者が一体となって、改善し、育てていくことが何よりも大切である。日本主導の開発だからこそ、それが可能になるのである。そのためには、ここで技術者の継承を途絶えさせてはいけないと痛感している。

神田氏がチーフ・デザイナーであったからこそ、神田氏の下で各社の技術者が一丸となって、素晴らしい戦闘機を作るという情熱と誇りを持ってプロジェクトを推進させるべく、設計、製造を行ない、FS-Xの開発プロジェクトを玉成させることができた。

F-2が「平成のゼロ戦」と呼ばれる名機となったと確信している。零式艦上戦闘機の主任設計者の堀越二郎さんの名前が広く世間に知れ渡っているように、「平成のゼロ戦」FS-Xのチーフ・デザイナーの神田國一氏の名前を知っていただけることを切に願っている。

本書は、戦闘機の設計チーム内でのさまざまな出来事や開発プロジェクトで遭遇した問題に関する教訓などが随所に記されており、将来戦闘機開発に従事する者はもちろん、航空機の開発に関心がある者やほかの分野のプロジェクトに従事する者にとっても必読の書となると確信している。

また、航空機や航空産業に知識がなくても興味深い話が随所に含まれており、一つの物語としても楽しめると思う。本書は読者にわが国の「もの作り」精神の真髄を伝えてくれるにちがいない。

**神田國一（かんだ・くにいち）**
1938年生まれ、群馬県出身。1962年東京大学工学部航空学科卒業、同年新三菱重工（現・三菱重工）入社、名古屋航空機製作所に勤務。MU-2、XT-2/F-1、CCV研究機などの開発に従事。1990年FSET（F-2設計チーム）チーム・リーダー、1992年技師長・FS-Xプロジェクト・マネージャー、1997年三菱重工顧問。2013年歿、享年75。

主任設計者が明かすF-2戦闘機開発
—日本の新技術による改造開発—

2018年12月15日　1刷
2024年4月5日　3刷

著　者　神田國一
発行者　奈須田若仁
発行所　並木書房
〒170-0002東京都豊島区巣鴨2-4-2-501
電話(03)6903-4366　fax(03)6903-4368
http://www.namiki-shobo.co.jp
作　図　上田信、八戸コロン
印刷製本　モリモト印刷
ISBN978-4-89063-379-1